Gabriel Muangombe Lucas

Konzeption und Ausarbeitung eines Versuchsaufbaus

Gabriel Muangombe Lucas

Konzeption und Ausarbeitung eines Versuchsaufbaus

Auslegung und Design eines Versuchsstandes zur Messung der radialen Temperaturverteilung

Lehrbuchverlag

Imprint

Cover image: www.ingimage.com

Publisher:
Der Lehrbuchverlag
is a trademark of
International Book Market Service Ltd., member of OmniScriptum Publishing Group
17 Meldrum Street, Beau Bassin 71504, Mauritius

Printed at: see last page
ISBN: 978-620-0-27055-9

Inhaltsverzeichnis

Symbole und Formelzeichen

Symbol	Einheit	Bedeutung
a	[m²·s⁻¹]	Temperaturleitfähigkeit
g	[m·s⁻²]	Erdbeschleunigung
L	[m]	Charakteristische Länge für die Kennzahlberechnung
$\dot{Q}$	[W]	Wärmestrom
$\dot{q}$	[W·m⁻²]	Wärmestromdichte
r	[m]	Radialer Abstand zur z-Achse (Zylinderkoordinaten)
T	[K]	Thermodynamische Temperatur
v	[m·s⁻¹]	Geschwindigkeit
z	[m]	Axiale Koordinate (Zylinderkoordinaten)
Bi	[-]	Biot-Zahl
Gr	[-]	Grashof-Zahl
Nu	[-]	Nusselt-Zahl
Pr	[-]	Prandtl-Zahl
Ra	[-]	Rayleigh-Zahl
Re	[-]	Reynolds-Zahl
α	[W·m⁻²·K⁻¹]	Wärmeübergangskoeffizient
β	[K⁻¹]	Isobarer Wärmeausdehnungskoeffizient
η	[Pa·s]	Dynamische Viskosität
ϑ	[°C]	Celsius-Temperatur
λ	[W·m⁻¹·K⁻¹]	Wärmeleitfähigkeit
ν	[m²·s⁻¹]	Kinematische Viskosität
ρ	[kg·m⁻³]	Dichte
φ	[°]	Azimutwinkel (Zylinderkoordinaten)

1 Einleitung

Wärmetransportphänomene sind elementare Bestandteil vieler natürlicher und technischer Prozesse. Allein in der Verfahrenstechnik gibt es vielfältige Anwendungen, die auf dem Transport von Wärme beruhen. Beispiels sind nicht nur der direkte Wärmeaustausch zwischen zwei Medien in Wärmeübertragern, sondern auch die Auslegung thermischer Trennverfahren, wie Destillation oder Trocknung. Von Verbrennungsprozessen etc.

Die Vermittlung grundlegenden Kenntnisse der entsprechenden Prozesse ist dementsprechender Teil der akademischen Ausbildung von Ingenieuren. Hier´zu gehört nicht nur die Vermittlung und Vertiefung theoretischer Kenntnisse durch Vorlesungen und Übungen, sondern auch deren praktische Anwendung im Rahmen von Laborpraktika zu den Lehrinhalten.

Die Versuchsinhalte sind dabei so vielfältig wie die Formen von Wärmetransportmechanismen und den daraus ableitbaren spezifischen Wärmetransportproblemen. Ein zentraler Aspekt ist dabei der Wärmetransport durch Wärmeleitung, der charakteristisch ist für den Wärmetransport in Feststoffen. Die Wärmleitung führt dazu das sich in den Feststoff – je nach Randbedingungen – ein ein- bis dreidimensionales Temperaturfeld ausbildet. Die Untersuchung des Temperaturfeldes ermöglicht es den Wärmetransport zu beurteilen und die Transportparameter zu bestimmen.

Daher soll in dieser Arbeit ein Versuchsstand für die Durchführung von Temperaturmessungen zur Bestimmung des Temperaturprofils in einem Festkörper erstellt werden. Konkret soll ein zylindrischer Probenkörper entwickelt werden, bei dem ein rein radiales, stationäres Temperaturfeld entwickelt werden soll. Durch eine hinreichend große Anzahl an Messstellen über den Radius soll dieses Temperaturfeld bestimmt werden werden,

Die folgende Arbeit dokumentiert diese Entwicklungsprozess. Sie gliedert sich wie folgt. Im Anschluss an die Einleitung in Kapitel 1 folgt in Kapitel 2 die Darstellung der theoretischen Grundlagen. Hierbei wird zunächst auf die physikalischen Grundlagen der des Wärmetransports im Allgemeinen und der Wärmeleitung im Besonderen eingegangen. Anschließende werden die Grundlagen zur mathematischen Beschreibung von Temperaturfeldern erläutert sowie die Beschreibung für den stationären radialen Temperaturverlauf in einem zylindrischen Körper abgeleitet. In Kapitel 3 erfolgen die Konzeption, der Entwurf und die Auslegung des Versuchsstandes. Hierzu werden zunächst die grundlegend Anforderungen an den Versuchsstand analysiert. Darauf aufbauend werden verschiedenen Konzepte zum Umsetzung dieser Anforderungen mit einer Versuchsanordnung abgeleitet und bewertet. Das beste Konzepte wird ausgewählt und weiter ausgearbeitet. Des Weiteren wird die Temperaturmessung konzipiert und ausgelegt. Der Entwurf wird vervollständigt mit eine Beschreibung der zusätzlichen Bauteile sowie den technischen Zeichnungen für die Fertigung. 4 beschließt die Arbeit mit einer Zusammenfassung der Ergebnisse und einem Ausblick.

2 Theoretische Grundlagen

In diesem Kapitel wird ein Überblick über die wesentlichen theoretischen Grundlagen gegeben. Zunächst wird auf die allgemeinen Grundlagen des Wärmetransports, und die Besonderheiten der Wärmeleitung, welche das zentral Thema dieser Arbeit ist.

2.1 Arten des Wärmetransports

Nach dem zweiten Hauptsatz der Thermodynamik fließt Wärme zwischen Systemen immer entgegen der Temperaturdifferenz vom System mit der höheren Temperatur zum System mit der niedrigeren Temperatur fließt.Allerdings macht die Thermodynamik keine Aussage darüber auf welche Weise dieser Wärmetransport geschieht.[1]

Grundsätzlich werden drei Mechanismen unterschieden nach den Wärme transportiert werden kann: Wärmeleitung, Transport durch Konvektion von Fluiden und Wärmestrahlung.[2] Diese sind in der nachfolgenden Abbildung 2.1 schematisch dargestellt.

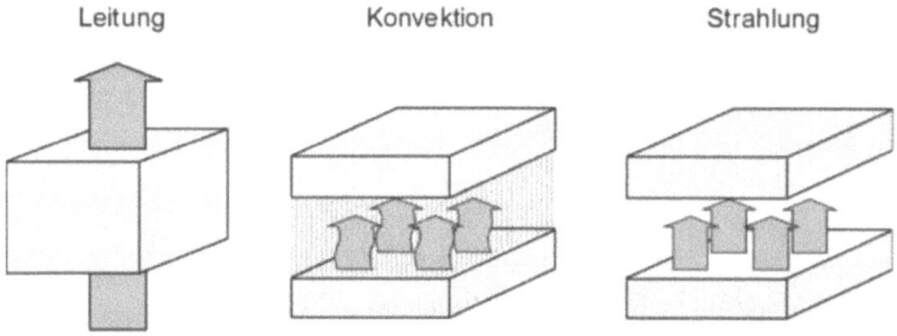

Abbildung 2.1: Schematische Darstellung der Arten des Wärmetransports [3]

Als **Wärmeleitung** wird der Energietransport zwischen benachbarten Molekülen infolge eines vorhandenen Temperaturgradienten bezeichnet. Phänomenologisch wird dies durch das Fouriersche Gesetz der Wärmeleitung nach der die lokale Wärmestromdichte proportional zum Gradienten der Temperatur T ist. Im eindimensionalen Fall bedeutet das: [4]

$$\dot{q}_x = -\lambda \cdot \frac{dT}{dx} \quad . \tag{2.1}$$

Das Minuszeichen zeigt an das der Wärmestrom entgegen dem Temperaturgradienten gerichtet ist. Der Proportionalitätsfaktor λ ist die Wärmeleitfähigkeit des Materials. Diese Größe erfasst unterschiedliche physikalische Effekte, welche in Kapitel 2.2 erläutert werden. Grundsätzlich ist Wärmeleitung der wesentliche Mechanismus, nach dem im Inneren von Feststoffen und ruhenden Fluiden Wärme transportiert wird.[1]

Der **Wärmetransport durch Konvektion** tritt bei strömenden Fluiden auf, und basiert auf der Tatsache, dass durch die makroskopische Bewegung die im Fluid gespeicherte Enthalpie transportiert wird. In technischer Hinsicht ist diese Wärmetransportart vor allem interessant beim konvektiven Wärmeübergang zwischen zwei Phasen, meist der Wärmeaustausch zwischen einer Festkörperoberfläche und einem über sie strömenden Fluid.[1] Erfasst wird diese Phänomen durch den Newtonschen Ansatz, nach dem die Wärmestromdichte von der Oberfläche bei Temperatur T_O in das Fluid mit der Temperatur T_F gegeben ist durch :[2]

$$\dot{q} = \alpha \cdot (T_O - T_F) \tag{2.2}$$

Der Proportionalitätsfaktor α ist der Wärmeübergangskoeffizient. Er erfasst die Kombination von Transport durch Konvektion und Wärmeleitung im Fluid. Er hängt von von den Stoffwerten des Fluid, Strömungsgeschwindigkeit und der Geometrie des Übergangs des betrachteten Wärmeübergangsproblems ab. Meist werden für die spezifische Problem Gebrauchsformeln in Abhängigkeit von dimensionslosen Kennzahlen angegeben. Der Dimensionslose Wärmeübergangskoeffizient ist gegeben durch die Nußelt-Zahl:[2]

$$Nu = \frac{\alpha \cdot L}{\lambda} \quad , \tag{2.3}$$

wobei L die charakteristische Länge des Problems ist. Als wesentliche stoffliche Kenngröße tritt die Prandtl-Zahl auf, welche das Verhältnis von kinematischer Viskosität ν und Temperaturleitfähigkeit a des strömenden Fluides darstellt: [1]

$$Pr = \frac{\nu}{a} = \frac{\eta \cdot c_p}{\lambda} \quad , \tag{2.4}$$

Wobei η die dynamische Viskosität und c_p die spezifische Wärmekapazität ist. In Bezug auf die Art der Strömung zwischen erzwungener Konvektion die beispielsweise durch eine äußeren Druckgradienten aufgeprägt wird, und freier Konvektion, welche infolge der mit Temperaturdifferenzen einhergehenden Dichteunterschieden und der Schwerkraft entsteht. Bei erzwungen Konvektion mit der charakteristischer Geschwindigkeit v wird mit dieser die Reynolds-Zahl

$$Re = \frac{v \cdot L}{\nu} \tag{2.5}$$

als Kennzahl gebildet. Für freie Konvektion wird die mithilfe der thermischen Ausdehnungskoeffizienten β und der charakteristischen Temperaturdifferenz ΔT die Grashofzahl

$$Gr = \frac{g \cdot \beta \cdot \Delta T \cdot L^3}{\nu^2} \tag{2.6}$$

Als Kenngröße verwendet.[1]

Unter **Wärmestrahlung** wird Energieabgabe eines Körpers durch die elektromagnetische Wellen an seine Umgebung verstanden. Die Wärmestrahlung wird als Strahlungsaustausch bezeichnet. Für den Strahlungstransport wird kein Trägermedium benötigt, da sich elektromagnetische Wellen frei im Raum verbreiten können. Somit kann die Wärme auch über große Entfernung zwischen zwei Körpern übertragen. Das diese Form der Transport für diese Arbeite kein Bedeutung wird, nicht weiter auf sie eingegangen.

2.2 Wärmeleitung

Die Beschreibung auf der Wärmeleitung in wurden bereits durch Gleichung (2.1) gegeben. In Verallgemeinerung für den dreidimensionalen Fall folgt aus dieser Gleichung:

$$\dot{\vec{q}} = -\lambda \cdot \nabla T \tag{2.7}$$

Diese Formulierung setzt voraus, dass sie Wärmeleitfähigkeit isotrop, d.h. in alle Raumrichtungen gleich, ist. Ist eine räumliche Abhängigkeit gegeben, wird stattdessen ein symmetrischer Wärmeleitungstensor verwendet. In kartesischen Koordinaten ergibt sich für diesen Fall die Beschreibung: [1], [2]

$$\dot{\vec{q}} = -\begin{pmatrix} \lambda_{xx} & \lambda_{xy} & \lambda_{xz} \\ \lambda_{xy} & \lambda_{Yy} & \lambda_{Yz} \\ \lambda_{xz} & \lambda_{yz} & \lambda_{zz} \end{pmatrix} \cdot \nabla T \tag{2.8}$$

Eine derartige Beschreibung ist allerdings nur für Materialien mit einem anisotropen Aufbau, wie beispielsweise Einkristallen, erforderlich. In der Mehrheit der Fälle, wie auch in dieser Arbeit, ist die Wärmeleitfähigkeit isotrop, sodass der Ansatz nach Gleichung (2.7) verwendet werden kann. Des Weiteren hängt die Wärmeleitfähigkeit sehr stark vom Material ab. In Tabelle 2.1 sind einige Beispiel zusammengestellt.

Tabelle 2.1: Wärmeleitfähigkeiten verschiedener Materialien [1]

Material	λ [W·m^{-1}·K^{-1}]	Material	λ [W·m^{-1}·K^{-1}]
Silber	427	Wasser	0,6
Kupfer	399	Kohlenwasserstoffe	0,1 – 0,15
Aluminium	209	Kohlendioxid	0,0162
Eisen	81	Luft	0,0257
Legierte Stähle	13 – 48	Wasserstoff	0,1790
Mauerwerk	0,5 – 1,3	Krypton	0,0093
Schaumstoffplatten	0,02 – 0,09	R 123	0,0090

Die zum Teil sehr deutlichen Unterschiede resultieren aus den unterschiedlichen Mechanismen, die für die Wärmeleitung verantwortlich sind, ab. Der Mechanismus der Wärmeleitung richtet sich nach der Art der Materie. In Fluiden wird die Wärme auf Grund der Bewegung der Moleküle auf Mikroebene transportiert.In Festkörpern wird die Wärme durch Gitterschwingungen weitergeleitet. In elektrisch leitenden Festkörpern, wie Metalle, wird Wärme auch durch den Strom freier Elektronen transportiert. Dieser Mechanismus ist analog zur Leitung von elektrischem Strom. Daher besitzen die Metalle mit den höchsten elektrischen Leitfähigkeiten auch die höchsten Wärmeleitfähigkeiten.

2.2.1 Wärmeleitung in Gasen

In einem verdünnten Gas (keine Konvektion) und bei Temperaturen in der Nähe der Zimmertemperatur (kaum Strahlung) überwiegt die Wärmeleitung deutlich die beiden anderen Arten des Wärmeübergangs. . In Gasen ist die Wärmeleitfähigkeit vom Druck und von der Temperatur abhängig. Nach der kinetischen Gastheorie gilt bei nicht zu kleinen Drücken: [5]

$$\lambda = \frac{1}{6} \cdot \bar{v} \cdot \Lambda \cdot f \cdot k_B \cdot n \qquad (2.9)$$

Dabei sind Λ die mittlere freie Weglänge, $\bar{v}$ die mittlere Geschwindigkeit der Gaspartikel, f die Zahl ihrer Bewegungsfreiheitsgrade, k_B die Boltzmannkonstante und n die Anzahl an Gaspartikel pro Volumenienheit. Für mittlere Weglänge und Geschwindigkeit gilt nach der kinetischen Gastheorie: [1]

$$\Lambda = \left(\pi \sqrt{2} n D^2\right)^{-1} \qquad (2.10)$$

und

$$\bar{v} = \sqrt{\frac{8kT}{\pi} \frac{N_A}{M}} \qquad (2.11)$$

Hierbei ist D der gaskinetische Teilchendurchmesser, T die thermodynamische- Temperatur in Kelvin, N_A die Avogadrokonstante und M Molmasse der Gasteilchen. Es fällt auf, dass nach keine Druckabhängigkeit der Wärmeleitfähigkeit existieren dürfte, da die Teilchenzahldichte n proportional, die freie Weglänge Λ jedoch umgekehrt proportional zu Druck p ist. In der Praxis kann ebr dennoch in bestimmten Fällen ein solche Abhängigkeit beobachtet werden. So kann durch Evakuierung die Wärmeleitfähigkeit der eingeschlossenen Luft im Doppelmantel von Thermosgefäßen abgesenkt werden. Der Grund dafür ist, dass bei niedrigen Drücken die mittlere Weglänge so stark ansteigt, dass sie größer ist als die Abmessungen des umgebenden Behälters. In diesem Fall determinieren die Stöße mit der Wand und nicht mehr die Stöße zwischen den Molekülen das Wärmetransportverhalten. Infolgedessen ist die mittlere Weglänge in Gelichung (2.9) konstant und die Wärmeleitfähigkeit proportional zu n und somit auch proportional zum Druck.. [4]

2.2.2 Wärmeleitung in Flüssigkeiten

In Flüssigkeiten gibt es keine Scherkräfte. Deshalb ist die Kopplung zwischen benachbarten Molekülen wesentlich schwächer als in Festkörpern und der durch diese Kopplung bewirkte Energietransport entsprechend langsamer. Die Wärmeleitung von elektrisch nicht leitenden Flüssigkeiten ist darum im Allgemeinen kleiner als die von Festkörpern (sieh Tabelle 2.1). Allerdings können die in einer Flüssigkeit frei beweglichen Moleküle Energie durch Stöße übertragen. Die Effektivität des Energietransportes hängt dabei ab von der mittleren Geschwindigkeit v, der Zeit zwischen zwei Stößen und dem Wirkungsquerschnitt für den energieübertragenden Stoß.[1], [4]

Bei elektrisch leitenden Flüssigkeiten (z. B. Quecksilber oder geschmolzene Metalle) tragen, die frei beweglichen Elektronen den überwiegenden Anteil zur Wärmeleitung bei, die deshalb auch wesentlich größer ist als bei nichtleitenden Flüssigkeiten. Die Ionen sind wegen ihrer großen Masse zu langsam, und ihr Beitrag zur Wärmeleitung ist daher klein. Wegen der freien Beweglichkeit der Flüssigkeitsmoleküle tritt bei Temperaturunterschieden innerhalb der Flüssigkeit neben der Wärmeleitung meistens auch Konvektion auf. Man kann diese verhindern, wenn die Flüssigkeit von oben erwärmt wird, sodass die wärmere Flüssigkeit mit der geringeren Dichte nicht nach unten sinkt. Die geringe Wärmeleitfähigkeit von Wasser lässt sich mit einem einfachen Versuch demonstrieren: Auf dem Boden eines mit Wasser gefüllten Glasrohres liegen Eisstücke, die durch ein Netz am Aufsteigen gehindert werden. Man kann das Wasser im oberen Teil des Rohres so erhitzen, dass es siedet, ohne dass das Eis schmilzt, d. h., trotz der Temperaturdifferenz von T = 100K ist der Energieaustausch klein wegen der geringen Wärmeleitung von Glas und von Wasser und wegen der fehlenden Konvektion. [5]

2.2.3 Wärmeleitung in Feststoffen

Bei der Leitung ins in Bezug auf den Übertragungsmechanismus zwischen elektrischen Leitern und dielektrischen Materialien zu unterscheiden. Elektrische Leiter, welches meist metallische Werkstoffe sind, verfügen über frei bewegliche Elektronen. Über deren Bewegung kann nicht nur elektrischer Strom geleitet werden, sondern auch Wärme transportiert werden. Dementsprechend besteht für solche Materialien ein Zusammenhang zwischen elektrischer Leitfähigkeit σ und der Wärmeleitfähigkeit. Dieser wird beschrieben durch das empirische Gesetz nach Wiedemann und Franz: [6]

$$\frac{\lambda}{\sigma} = L \cdot T \qquad (2.12)$$

mit der sogenannten Lorenzkonstante:

$$L = \frac{\pi^2}{3} \cdot \frac{k_B^2}{\mathrm{e}^2} \approx 2{,}45 \cdot 10^{-8}\,\mathrm{V}^2 \cdot \mathrm{K}^{-2} \qquad (2.13)$$

Formal sollte dieses Konstante materialunabhängig sein. In der Praxis zeigen sich aber je nach Material unterschiedliche Abweichungen von dem theoretischen Wert nach Gleichung (2.13).[6] Infolge der hohen Beweglichkeit der Elektronen weisen Metalle eine deutlich höhere Wäremleitfähigkeit als Dielektrika (vgl. Tabelle 2.1) In der Praxis zeigt sich außerdem das, bei reinen Metallen die Wärmeleitähigkeit mit der Temperatur leicht abnimmt. Bei Legierungen lässt sich teilweise ein umgekehrtes Verhalten beobachten.[6]

Dielektrika verfügen über keine freien Elektronen. Somit kann Wärme nur über die Wechselwirkung benachbarter Atome bzw. Moleküle im Gitter des Fesstoffes übertragen werden. Die Postion der einzelne Atome / Moleküle ist nicht starr, Schwindungen um eine Muíttellage aus, wobei die Amplitude der Schwingung mit der Temperatur zunimmt. Die Bewegung kann quantenmechanisch beschrieben werden. Der Wäremtransfer vollzieht sich durch elementare Anregungen dieser Schwingungen, sogenannte Phonoen. Determiniert wird die Wärmeleitung somit durch die Wechselwirkungskräfte bzw. Bindungskräfte wischen den Atomen / Molekülen im Feststoff. Da diese kaum von der Temperatur abhängen, ist auch die Temperaturabhängigkeit der Wärmeleitfähigkeit im Allgemeinen gering.[6]

2.3 Beschreibung des Temperaturprofils in Festkörpern

In Abhängigkeit der Umgebungsbedingungen stellt sich unter dem Einfluss der Wärmeleitung ein bestimmtes Temperaturprofil ein. Die nachfolgende Abbildung 2.2 zeigt einige Beispiele für die stationären Temperaturprofile in einfachen Geometrien.[5]

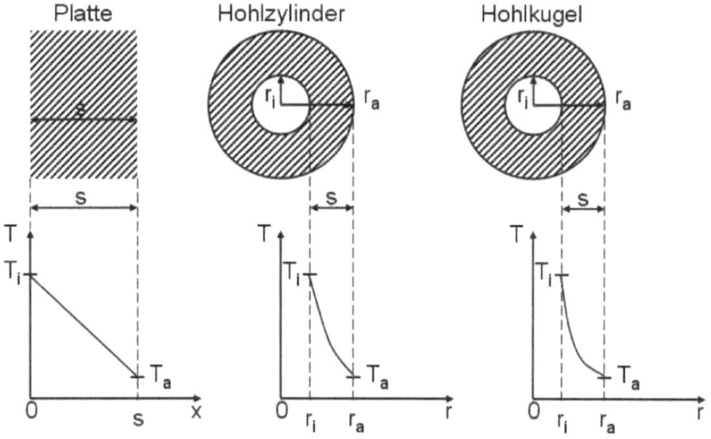

Abbildung 2.2: Stationäre Temperaturprofile in einfachen Geometrien

Die Mathematische Beschreibung wird im Folgenden abgleitet.

2.3.1 Differentielle Bilanz

In einer allgemeinen Beschreibung von Wärmetransportproblemen werden alle stoffgebundenen Transportmechanismen berücksichtigt. Aus der Wärmebilanz um ein differenzielles Volumenelement kann folgenden Differentialgleichung abgeleitet werden. [7]

$$\rho \cdot c_p \frac{\partial T}{\partial T} + (\vec{v} \cdot \nabla) T = \lambda \nabla^2 T + W_v \tag{2.14}$$

Die einzelnen Terme haben die folgende Bedeutung

- $\rho \cdot c_p \frac{\partial T}{\partial t}$ stellt die zeitliche Änderung der im Volmenelement gespeicherten Energie dar.

- $(\vec{v}\cdot\nabla)T$ ist die sogenannte konvektive Ableitung, welche den räumlichen Energiefluss beschreibt den Energiefluss infolge von Konvektion mit der lokalen Strömungsgeschwindigkeit $\vec{v}$ beschreibt.
- $\lambda\nabla^2 T$ Beschreibt den Wärmefluss durch Wärmeleitungsgleichung
- W_v stellt die internen Wärmequellen je Volumeneinheit dar. Dieses können beispielsweise die Wärmefreisetzung infolge eines elektrischen Stromflusses, einer nuklearen Zerfalls oder einer chemischen Reaktion sein.

In Falle eines ruhenden Feststoffs entfällt der Konvektionsterm.

$$\rho\cdot c_p\frac{\partial T}{\partial t}=\lambda\nabla^2 T+W_v \tag{2.15}$$

Entfallen außerdem Wärmequellen ergibt sich die klassische Form der Wärmeleitungsgleichung:

$$\frac{\partial T}{\partial t}=a\Delta t \tag{2.16}$$

Im stationären Fall vereinfacht sich diese zur Laplace-Gleichung

$$\Delta T=0 \tag{2.17}$$

2.3.2 Randbedingungen

Die Fourier-Gleichung ermöglicht eine allgemeine Beschreibung eines Temperaturfeldes in einem Festkörper. Für ihre Lösung und die Ableitung eines eindeutigen Temperaturverlaufs sind zusätzliche Randbedingungen sowie zusätzlich bei instationären Problemen eine Anfangsbedingung vorzugeben. Typischerweise werden die Randbedingungen an der Oberfläche des betrachteten Körpers angegeben und stellen Bezüglich der räumlichen Randbedingungen können drei Varianten unterschieden werden. Diese werden im Folgenden am Beispiel der eindimensionalen Wärmeleitung in kartesischen Koordinaten erläutert.

i. Randbedingung erster Art
   Bei dieser Form der Randbedingung, welche auch als Dirichlet-Randbedingung bezeichnet wird, wird eine konkreter Wert für die Wandtemperatur vorgegeben :

$$T(x=x_w,t)=T_w(t) \tag{2.18}$$

Im instationären kann dieser Wert, wie dargestellt, mit der Zeit variieren. Ansonsten ist eine konstanter Wert anzusetzen.

ii. Randbedingung zweiter Art
Diese Randbedingung, auch Neumann-Randbedingung genannt besteht darin, dass an der Oberfläche ein bestimmter Strom festgelegt wird. Dieser kann beispielsweise aus einer externen Heizung oder elektromagnetischer Strahlung mit einer bestimmten Strahlleistungsdichte resultieren:

$$\dot{q}(x=x_w, t)=q_w(t) \tag{2.19}$$

Unter Berücksichtigung des Wärmetransports durch Wärmeleitung zur Wand ergibt sich die Bedingung

$$-\lambda \left.\frac{dT}{dx}\right|_{x=x_w} = \dot{q}_W(t) \tag{2.20}$$

Ein besonderen Fall stellt die adiabatische Wand dar. Ist die Wand hinreichend gut isoliert, so kann der Wärmefluss vernachlässigt und es gilt die Idealisierung:

$$-\lambda \left.\frac{dT}{dx}\right|_{x=x_w} = 0 \tag{2.21}$$

Genauso wie bei der Randbedingung erster Art ist die dargestellte zeitliche Abhängigkeit nur bei instationären eine zulässige Form

iii. Randbedingung dritter Art
Dies auch als Robyn-Randbedingung bezeichnete Beziehung stellt eine Kombination beider Randbedingungen. Diese Form der Randbedingung ergibt sich meist, wenn eine konvektiver Wärmeübergang zur Umgebungs Temperatur T_∞ in weiter Entfernung von der Wand nach dem Newtonschen Abkühlungsgesetz vorgegeben wird:

$$\dot{q}(x=x_w, t)=\alpha\cdot(T(x=x_W, t)-T_\infty) \tag{2.22}$$

In Verbindung mit dem konvektiven Wärmetarnsport zur Wand hin ergibt sich somit

$$-\lambda \left.\frac{dT}{dx}\right|_{x=x_w} = \alpha\cdot(T(x=x_W, t)-T_U) \tag{2.23}$$

Im Allgemeine sind sowohl de Umgebungstemperatur als auch der Wärmeübergangskoeffizient zeitlich veränderlich. In der Regel werden dies Größen aber als zeitinvariant behandelt, um die Beschreibung zu vereinfachen.

2.3.3 Ableitung eines stationären radialen Temperaturprofils

Für diese Arbeit soll das radiale Profil in einer Zylinderwand untersucht werden. Der Aufbau und die Abmessungen sind in Abbildung 2.3 dargestellt.

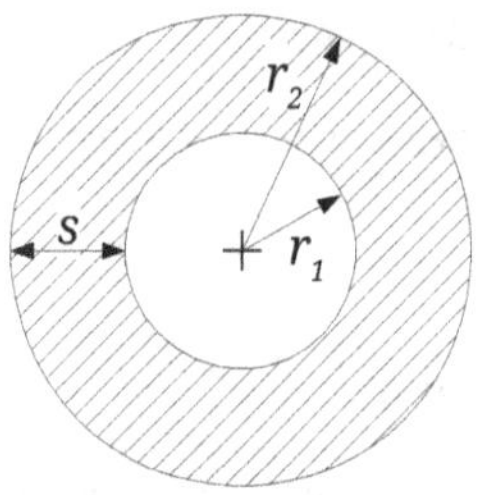

Abbildung 2.3: Zylinderwand mit Abmessungen

Allgemein gilt nach Gleichung (2.17) für die stationäre Wärmeleitung einen Objekt mit konstanter isotroper Wärmeleitfähigkeit die Laplacegelcihung. In Zylinderkoordinaten lautet sie:

$$\frac{1}{r} \cdot \frac{\partial}{\partial r}\left(r \frac{\partial T}{\partial r}\right) + \frac{1}{r^2} \cdot \frac{\partial^2 T}{\partial \phi^2} + \frac{\partial^2 T}{\partial z^2} = 0 \quad . \tag{2.24}$$

Unter der Annahme, dass die Temperatur allein eine Funktion vom Radius r ist, fließt keine Wärme in tangentialer oder axialer Richtung. Daher entfallen der zweit und der dritte Term und die partielle Differentialgleichung vereinfacht sich zu folgender gewöhnlicher Differentialgleichung:

$$\frac{d}{d r}\left(r \frac{d T}{d r}\right) = 0 \quad . \tag{2.25}$$

Dies impliziert, dass der abgeleitete Ausdruck konstant ist. Somit gilt

$$r \frac{d T}{d r} = C_1 \quad \text{bzw.} \quad \frac{d T}{d r} = \frac{C_1}{r} \quad . \tag{2.26}$$

Hierbei ist C_1 eine beliebige Konstante , die im weiteren Verlauf zu bestimmen ist. Die verbliebene Differenzialgleichung erster Ordnung kann direkt durch Integration gelöst werden:

$$T = \int \frac{C_1}{r} \, dr = C_1 \cdot \ln(r) + C_2 \tag{2.27}$$

Für die Bestimmung des Konstanten lassen sich, wie in Kapitel 2.3.2 beschrieben, unterschiedliche Randbedingungen formulieren. Für die erse Überlegung wird angenommen, dass das Temperatur bekannt ist. Durch Vorgabe der Temperaturen T_1 bzw. T_2 an den mantelseitigen Oberflächen des Hohlzylinders bei r_1 und r_2 ergeben sich die Randbedingungen:

$$T_1 = T(r_1) = C_1 \cdot \ln(r_1) + C_2 \quad \text{und} \tag{2.28}$$

$$T_2 = T(r_2) = C_1 \cdot \ln(r_2) + C_2 \quad . \tag{2.29}$$

Durch Subtraktion der Gleichung (2.29) von Gleichung (2.28) ergibt sich

$$T_1 - T_2 = C_1 \cdot \ln(r_1) - C_1 \cdot \ln(r_2) = C_1 \cdot \ln\left(\frac{r_1}{r_2}\right) = -C_1 \cdot \ln\left(\frac{r_2}{r_1}\right) \tag{2.30}$$

Daraus folgt

$$C_1 = -\frac{T_1 - T_2}{\ln(r_2/r_1)} \tag{2.31}$$

Durch Einsetzen in die Randbedingung (2.28) folgt:

$$T_1 = C_2 + \frac{T_1 - T_2}{\ln(r_2/r_1)} \cdot \ln(r_1) \tag{2.32}$$

Durch Einsetzen der berechneten Konstanten in die allgemeine Lösung ergibt sich schließlich:

$$T(r) = T_1 + \frac{T_1 - T_2}{\ln(r_2/r_1)} \cdot \ln(r_1) - \frac{T_1 - T_2}{\ln(r_2/r_1)} \cdot \ln(r) = T_1 - (T_1 - T_2)\frac{\ln(r/r_1)}{\ln(r_2/r_1)} \tag{2.33}$$

Dies Lösung setzt voraus, dass die Temperaturen an den Oberflächen bekannt sind. Diese Lösung kann aber auch mit den anderen Randbedingungen kombiniert werden. Wir beispielsweise an der Außenseite des Zylinders eine konvektiver Wärmeübergang zu Umgebung bei T_∞ vorgegeben so gilt:

$$
\begin{aligned}
-\lambda \cdot \left. \frac{dT}{dr} \right|_{r=r_2} &= \alpha \left(T_2 - T_\infty \right) \\
&\Leftrightarrow \\
\lambda \cdot \frac{T_1 - T_2}{r_2 \cdot \ln\left(r_2 / r_1 \right)} &= \alpha \left(T_2 - T_\infty \right)
\end{aligned}
\tag{2.34}
$$

Durch Umstellung ergibt sich:

$$
\frac{T_1 - T_2}{T_2 - T_\infty} = \frac{\alpha \cdot r_2 \cdot \ln\left(r_2 / r_1 \right)}{\lambda} \tag{2.35}
$$

Die rechte Seite kann als die Biot-Zahl des äußeren Wärmeübergangs betrachtet werden, d. h.

$$
Bi := \frac{\alpha \cdot r_2 \cdot \ln\left(r_2 / r_1 \right)}{\lambda} \tag{2.36}
$$

Die Temperaturprofile in der Zylinderwand für ein Radienverhältnis $r_2/r_1 = 4$ sind in der nachfolgende Abbildung 2.4 dargestellt.

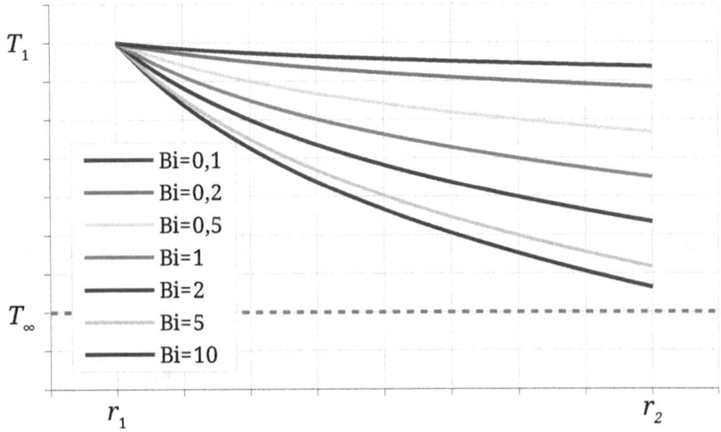

Abbildung 2.4: Temperaturverlauf in einer Zylinderwand für $r_2/r_1 = 4$

Die Abbildung veranschaulicht, dass je höher die Biot-Zahl ist, desto ausgeprägter ist der Temperaturunterschied zwischen den beiden Oberflächen der Zylinderwand. Unter der Vorgabe der Wandtemperaturen kann der Wärmestrom berechnet werden:

$$
\dot{Q} = 2\,\pi\, r\, l \cdot \dot{q}(r) = -2\,\pi\, r\, l \cdot \lambda \cdot \frac{dT}{dr} = \frac{2\,\pi\, l\, \lambda \left(T_1 - T_1 \right)}{\ln\left(r_2 / r_1 \right)} \quad . \tag{2.37}
$$

3 Konzeption und Auslegung des Versuchsstandes

In diesem Kapitel wird der Versuchsstand entworfen und ausgelegt. Hierzu werden zunächst die grundlegenden Anforderungen an den Versuchsstand formuliert. Im zweiten Schritt werden geeignete Konzepte und Kühlung des Objektes aufgestellt und beurteilt. Anschließend wird ein Konzept ausgewählt dimensioniert. Dannach werden geeignete Thermometer ausgewählt und deren Positionierung definiert. und die für die Realisierung des Versuchsstandes abgeleitet. Abschließend wird der beste Entwurf dimensioniert.

3.1 Anforderungsanalyse

Die Versuchsstand soll ermöglichen, über mehrere Messpunkte ein stationäres, radiales Temperaturprofil zu bestimmen. Ausgehend von dieser grundlegenden Beschreibung lassen sich verschiedene Detailanforderungen formulieren, die der Versuchsstand erfüllen muss:

- Erzeugung eines konstanten Temperaturfeldes, d. h. die Temperaturen an einer bestimmten Stelle in der Rohrwandung sollten zeitlich invariant sein.
- Reproduzierbare und hinreichend genaue Erfassung der Temperaturen an den Messstellen. Dieses erfordert zum einen hinreichend genaue Thermometer und zum anderen eine möglichst rückwirkungsarme Messung.
- In der Versuchsanordnung sollen hinreichend viele Messstellen vorhanden sein, um das Profil durch eine Regressionsberechnung zu ermitteln. Da die allgemeine Lösung zwei unbekannte Konstanten enthält, sind mindestens drei Messstellen vorzusehen. Ein höhere Anzahl wäre allerdings wünschenswert, da sich die Genauigkeit des bestimmten Profils mit jeder weiteren Messung erhöht. Dieses setzt zum einen voraus, dass die Temperaturdifferenz in der Wand so hoch ist, dass die Differenzen zwischen den einzelnen Messstellen auch erfassbar sind. Zum anderen muss die Wand ausreichend dick sein, damit sich die Messstellen nicht gegenseitig beeinflussen.
- Da es sich um einen Versuchsstand für Praktikumsversuche handelt, sollte dieser so konzipiert sein, dass dieser durch die Studierende nach kurzer Unterweisung korrekt und sicher bedient werden kann. Die wichtigste Aspekt sind die möglicherweise auftretenden heißen Medien und Oberflächen. Um beispielsweise eine Schädigung durch einen kurzfristigen Kontakt von bis zu einer Mi-

nute mit einer heißen metallischen Oberfläche zu vermeiden, sollte deren Temperatur 51°C nicht übersteigen [8]. sind die möglicherweise Um die notwendige Sicherheit zu gewährleisten, sollten bspw. metallische Festkörperoberflächen die in direkten Kontakt mit der Haut kommen können nicht wärmer sein als 51°C, um unbeabsichtigte Verbrennungen auszuschließen.

Des weiteren sollte darauf geachtet werden, dass diesen Anforderungen durch eine möglichst einfache und kostengünstige Konstruktion entsprochen wird.

3.2 Entwurf und Auslegung des Versuchsobjektes

Der Versuchsstand beinhaltet zwei wesentliche Funktionen, die zu realisieren sind: zum einen die Erzeugung eines stationären Wärmeflusses, welche zu dem gewünschten Temperaturverlauf führt, und zum anderen eine geeignete Temperaturmessung.

3.2.1 Ableitung von Heiz- und Kühlkonzepten

Um eine radiales Temperaturprofil zu erzeugen, ist die Rohrwand auf der einen Seite zu kühlen und der anderen zu Heizen. Grundsätzlich bestehen mehrere Möglichkeiten, dieses zu realisieren:

- Konvektiver Wärmeübergang durch freie Konvektion
  Bei dieser Variante ist die Wand im Kontakt mit einem ruhenden Fluid. Durch die temperaturinduzierten Dichteunterschiede in der Nähe der Wand kommt es zu einer Konvektionsströmung. Diese kann beispielsweise realisiert werden, durch eine „freie“ Oberfläche, über welche das Untersuchungsobjekt Wärme mit der Luft im Labor austauschen kann, oder durch das Eintauchen in ein temperiertes Bad. Die entsprechenden konstruktiven Lösungen sind relativ einfach. Nachteilig ist, der im Vergleich zur erzwungenen Konvektion geringere Wärmeübergangskoeffizient. Außerdem lässt sich die Kühl- oder Heizrate bei der Versuchsdurchführung nur durch eine Variation der Temperatur des Heiz- bzw. Kühlmediums variieren.

- Konvektiver Wärmeübergang durch erzwungene Konvektion
  Bei erzwungene Konvektion wird ein Fluidstrom über die Oberfläche gefördert. Dadurch wird im Allgemeinen ein besserer Wärmeübergang als durch freie Konvektion erreicht. Gleichzeitig kann durch eine Variation der Fördermenge der Wärmeaustausch relativ einfach reguliert werden. Allerdings sind derartige Lösungen mit einer aufwändigeren Konstruktion verbunden.

- Elektrische Beheizung
  Ein weitere Möglichkeit für die Zuführung von Wärme ist eine elektrische Heizung. Am Markt verfügbar sind System für die Beheizung von innen ebenso wie von außen. Die Temperaturregulierung dieser Systeme ist unterschiedlich. Einerseits existieren Systeme die selbst eine vorgegebene Wandtemperatur konstant halten. Andererseits kann bei manchen die Heizleistung direkt variiert werden

Ausgehend von diesen Möglichkeiten ist zunächst die Frage zu beantworten wie und auf welcher Seite des Rohrs geheizt bzw. gekühlt wird.

Eine elektrische Heizung kann sowohl auf der Innenseite des Rohrs durch eine Heizpatrone als auch auf der Außenseite durch eine Heizmanschette erfolgen. Eine Heizung mithilfe erzwungener Konvektion ist ebenfalls auf der Innenseite als auch auf der Außenseite zu realisieren. Allerdings wäre eine solche mit erhöhten konstruktivem Aufwand verbunden. Zum einen ist eine Möglichkeit zum Aufheizen des Fluides vorzusehen, beispielsweise ein Begleitheizung oder eine beheizter Pufferbehälter. Zudem ist ein geschlossener Kreislauf mit einer Förderpumpe zu installieren. Konstruktiv einfacher ist die Lösung, für die Heizung ein Bad mit einer Flüssigkeit zu verwenden, welches durch ein Heizelement mit Thermostat auf konstanter Temperatur gehalten wird. Das Untersuchungsobjekt würde in dieses Bad eingetaucht und an der Außenseite durch eine Wärmeübergang mittels freier Konvektion aufgeheizt.

Die Art der Kühlung hängt von der gewählten Heizvariante ab. Bei einer elektrischen Heizung ist auf der anderen Seite des Rohres sowohl Wärmeübergang mit freier Konvektion als auch mit erzwungener Konvektion denkbar. Die freie Konvektion kann am einfachsten über den Wärmeaustausch mit der Umgebungsluft des Labors realisiert werden. Ein andere Variante ist für das Kühlen mittels freier Konvektion auf der Außenseite ist das Eintauchen ein Bad mit einem Kühlmittel, beispielsweise Wasser. Durch eine Rührer könnte in diesem Fall das Fluid im Bad bewegt werden, sodass eine Mischform von freier und erzwungener Konvektion erreicht wird.

Aufgrund der im Allgemeinen höheren Wärmekapazität ist eine Kühlung mittel einer Flüssigkeit effektiver. Diese Flüssigkeit ist je nach der Kühlseite entweder direkt durch das Rohr oder durch einen Doppelmantel an der Außenseite zu führen.

Ausgehend von diesen Überlegungen ergeben sich die in Abbildung 3.1 zusammenstellten Lösungskonzepte

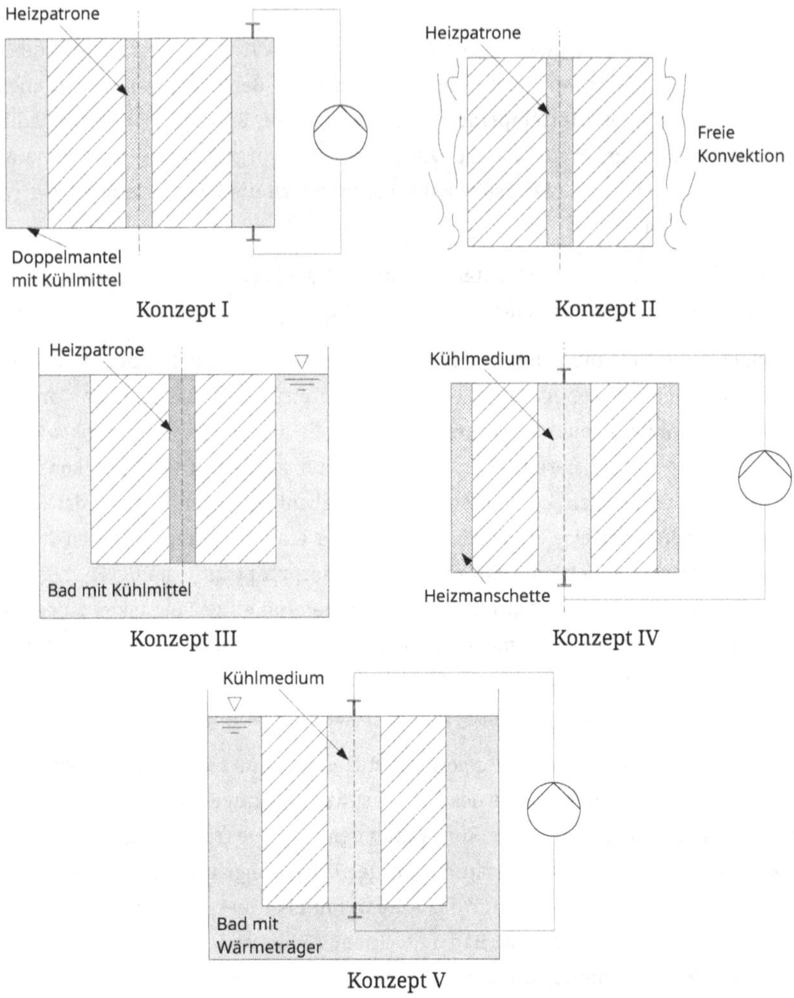

Abbildung 3.1: Lösungskonzepte für die Heizung und Kühlung des Versuchsobjektes

Allerdings sind diese Konzepte nicht gleichermaßen geeignet. Gegen die Heizung mit einem Fluid, wie in Konzept V, sprechen vor allem der energetische Aufwand und Sicherheitsaspekte. Das Fluid müsste auf eine Temperatur deutlich über Umgebungstemperatur erwärmt werden, wodurch es eine potenzielle Gefahrenquelle für Verbrühungen darstellt. Daher wären gesonderte Maßnahmen zum Schutz der Studierenden, die den Versuch durchführen, getroffen werden müssen. Dem gegenüber erscheint einer elektrische Beheizung (Konzept I – IV) einfacher zu realisieren. Zudem bietet dies Variante den Vorteil, dass über eine Messung der elektrischen Leistung der Heizung der Wärmestrom durch die Wand bestimmt werden kann.

Von den beiden Varianten zur elektrischen Beheizung hat die Beheizung mit einem eingesteckten Heizelement wesentliche Vorteile. Am Markt verfügbare Heizpatronen werden in Durchmessern von 6 mm bis 20 mm geliefert. Somit können relativ kleine Innenradien realisiert werden, wodurch das Versuchsobjekt auch bei größeren Wanddicken kompakt bleibt. Bei der Verwendung einer Heizmanschette ist auf der Innenseite des Rohrs zu kühlen, was einen gewissen Innendurchmesser erfordert. Bei einem geringen Durchmesser wird einerseits die Wärmeaustauschfläche für das Kühlen klein und anderseits steigt der Druckverlust und damit der energetische Aufwand, um das Kühlmedium durch das Rohr zu pumpen. Des Weiteren wird bei einer Innenbeheizung nahezu die gesamte Wärme radial durch die Rohrwand abgeleitet, falls die Wärmverluste über die Stirnseiten des Versuchsobjekt wirkungsvoll begrenzt werden. Im Gegensatz dazu treten bei einer außenliegenden Heizung Wärmeverluste an deren äußerer Oberfläche auf, sodass ein Teil der Heizleistung für den eigentlichen Versuchszweck verloren geht. Außerdem bietet eine innenliegende Heizung den Vorteil, dass ggf. das einfachste Konzept mit einer Kühlung durch freie Konvektion von Luft an der Außenseite (Konzept II) umgesetzt werden kann. Aus diesen Gründen empfiehlt sich die Verwendung einer innen liegende Heizung (Konzept I – III).

Allerdings ist die Eignung dieser Konzepte einzuschränken. Bei Konzept III bestehen größere gewisse Risiken durch die elektrischen Anschlüsse der Heizung. Um mögliche Ableitung von Strom durch die Kühlflüssigkeit und damit verbunden Gefährdungen der Versuchsteilnehmer zu vermeiden, sind gesonderte Vorkehrungen bei der Isolierung der Zuleitungen zu treffen. Zudem ist diese Lösung mit deutlich höherem konstruktiven Aufwand verbunden. Daher werden im Folgenden nur noch die Konzepte I und II weiterverfolgt. Sofern möglich sollte das wesentlich einfachere Konzepte II umgesetzt werden. Die Beantwortung der Frage, welches dieser beiden Konzepte besser geeignet ist, hängt unter anderem von der Dimensionierung und dem Material des Versuchsobjekts ab. Dieses wird im nachfolgenden Abschnitt untersucht.

3.2.2 Konzeptbeurteilung

In diesem Abschnitt wird die Machbarkeit der beiden ausgewählten Konzepte beurteilt. Ausgangspunkt für die Überlegungen ist eine Marktrecherche für Heizpatronen. Für den Anwendungszweck, d. h. die Aufheizung eines Festkörpers in direktem Kontakt, geeigneten Heizpatronen werden von verschiedenen Herstellern in Durchmessern von 1,0 mm bis 20 mm angeboten und mit Heizleistungsdichten von bis zu

50 W/cm² = 500 kW/m² angeboten. Das heißt die maximale Heizleistung an der Rohrinnenseite darf diesen Wert nicht überschreiten.

Weiteren Bedingungen für die Beurteilung ergeben sich aus der Messaufgabe. Vorbehaltlich der endgültigen Auswahl der Thermometer wird von Genauigkeit von ±1°C ausgegangen. Daher ist es sinnvoll, dass die einzelnen Messpunkte eine Temperaturdifferenz von mehr als 2°C haben. Unter der Berücksichtigung der Tatsache, dass nicht direkt an der Oberfläche gemessen wird sollte für eine Messung mit n Thermometer die Temperaturdifferenz in der Wand mindestens $(n+1)\cdot 2$°C betragen, bei vier Messpunkten sind dies bereits 10°C. Da eine höhere Anzahl an Messpunkten und eine größere Temperaturdifferenz zwischen den Messpunkten günstiger ist, erscheint ein größere Temperaturdifferenz von 15° oder 20°C sinnvoll.

Die Temperaturmessung ist auch für die Materialauswahl von Bedeutung. Grundsätzlich gilt für die Temperaturmessung in Feststoffen, dass ein Material mit hoher Wärmeleitfähigkeit weniger anfällig für eine Beeinflussung des Temperaturfeldes durch ein eingebrachtes Berührungsthermometer ist.[9] Daher ist es sinnvoll das Versuchsobjekt aus Metall zu fertigen. Für die Betrachtungen in diesem Abschnitt werden als Beispiele Stahl mit $\lambda_S = 20\ \mathrm{W \cdot m^{-1} \cdot K^{-1}}$ als eher schlecht leitendes Metall und Aluminium mit $\lambda_A = 230\ \mathrm{W \cdot m^{-1} \cdot K^{-1}}$ als sehr guter Wärmeleiter betrachtet.

Beurteilung Konzept II

Zunächst wird das einfachere Konzept II untersucht. Ausgehend von den Sicherheitsüberlegungen wird die Temperatur für die äußere Oberfläche des Rohres auf $T_2 = 50$°C festgelegt, um mögliche Verbrennungen bei den Versuchsteilnehmern auszuschließen. Als Umgebungstemperatur wird $T_u = 20$° C. Da die Länge des Zylinders noch nicht definiert wurde, wird angenommen, dass der Zylinder liegt. Die charakteristische Länge für die frei Konvektion ist in diesem Fall der halbe Außenumfang des Rohres. Somit hängt der Wärmeübergang wesentlich vom Außendurchmesser des Rohres ab, Da das Temperaturprofil für den Wärmeübergang vorgegeben worden ist, kann der Wärmeübergangskoeffizient an der Außenseite allein in Abhängigkeit vom Außenradius r_2 angegeben werden. Die Berechnung dazu wird in Anhang A erläutert. Die Ergebnisse dieser Berechnung sind in Abbildung 3.2 dargestellt.

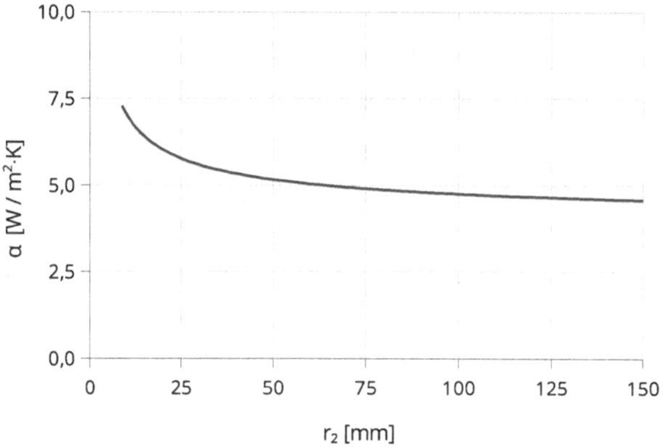

Abbildung 3.2: Wärmeübergangskoeffizient durch freie Konvektion am liegender Zylinder in Abhängigkeit vom Außendurchmesser

Es ist festzustellen, dass der erzielbare Wärmeübergangskoeffizient mit Werten zwischen 4,5 W/m^2K und 7 W/m^2K eher gering ist.

Ausgehend von diesen Ergebnissen kann die Temperaturdifferenz über die Wand berechnet werden. Hierzu wird zunächst ein Innendurchmesser von 16 mm d. h. $r_1 = 8$ mm vorgegeben. Um das Konzept zu überprüfen werden unterschiedliche Wanddicken s vorgegeben. Daraus resultiert eine Variation des Außendurchmessers gemäß

$$r_2 = r_1 + s \tag{3.1}$$

und somit auch des äußeren Wärmeübergangskoeffizienten $\alpha(s)$. Mit diesem Koeffizienten kann dann die Wärmestromdichte an der Außenseite des Rohres berechnet werden. Aus Gleichung (2.21) folgt unmittelbar, die Temperaturdifferenz über die Wand

$$(T_1 - T_2) = \frac{\alpha(s)}{\lambda} \cdot (r_1 + s) \cdot \ln\left(1 + \frac{s}{r_1}\right) \cdot (T_2 - T_u) \quad . \tag{3.2}$$

Außerdem kann aufgrund der Kenntnis von Temperaturunterschied und Wärmeübergangskoeffizient die Wärmestromdichte an der Außenseite berechnet werden:

$$\dot{q}(r_2) = a(s) \cdot (T_2 - T_u) \tag{3.3}$$

Aufgrund der Kontinuität des Wärmestroms d. h.

$$\dot{Q}=\dot{q}(r_1)\cdot 2\pi\cdot r_1\cdot L=\dot{q}(r_2)\cdot 2\pi\cdot r_2\cdot L \tag{3.4}$$

Ergibt sich die innere Wärmestromdichte zu

$$q(r_1)=\frac{r_2}{r_1}\cdot\dot{q}(r_2)=\left(1+\frac{s}{r_1}\right)\cdot\alpha(s)\cdot(T_2-T_u) \tag{3.5}$$

Für die Modellrechnung ergeben sich je nach Wanddicke zwischen 1 mm und 142 mm Wärmestromdichten zwischen etwa 300 W/m2 und 2000 W/m², die durch die am Markt verfügbaren Heizpatronen bereitgestellt werden können. Die Auswertung des Temperaturunterschieds für denselben Variationsbereich der Wanddicken ist in Abbildung 3.3 dargestellt.

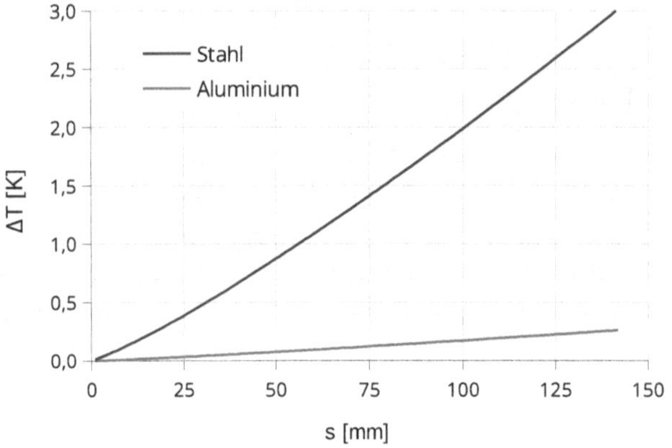

Abbildung 3.3: Wandtemperaturdifferenz bei freier Konvektion

Zu erkennen ist das Stahl als Material mit geringerer Wärmeleitfähigkeit zu signifikant höheren Temperaturdifferenzen in der Wand führt. Aber auch für dieses Material ist die insgesamt erreichte Temperaturdifferenzen mit bis zu 3°C zu gering. Eine Variation der Heizpatronendurchmessers führt nicht zu wesentlich anderen Ergebnissen. Durch eine Reduzierung auf r_1 = 6,5 mm erhöht sich die maximale Temperaturdifferenz auf 3,8°C. Theoretisch ist es zwar möglich, bei diesem Innendurchmesser mit einer Wanddicke von 470 mm eine Temperaturdifferenz von 15°C zu realisieren. Allerdings hätte das Versuchsobjekt dann einen Außendurchmesser von fast 1 m, was aufgrund von Größe und damit verbundener Masse nicht praktikabel ist.

Die Erklärung für diese unbefriedigende Ergebnis kann Gleichung (2.35) und der grafischen Darstellung in Abbildung 2.4 entnommen werden. Bei freie Konvektion an der Außenseite ist der Wärmeübergangskoeffizient zu gering, um in Verbindung mit einem gut leitenden Wandmaterial zu einem großen Temperaturunterschied bei praktikablen Wanddicken zu führen. Aus diesem Grund ist das Konzept II als ungeeignet abzulehnen,

Beurteilung Konzept I

Dieses Konzept ist prinzipiell erfolgversprechender, da sich durch die erzwungene Konvektion mit einem Fluid höhere Wärmeübergangskoeffizienten erreichen lassen. Im Gegensatz zur freien Konvektion hängt der Wärmeübergangskoeffizient kaum von der Oberflächentemperatur ab, sondern wird primär von der Strömungsgeschwindigkeit, welche variabel ist bestimmt. Wie bereits erwähnt lassen sich durch erzwungene Konvektion an der Außenseite Wärmeübergangskoeffizienten von etwa 100 W/m²K bis etwa 700 W/m²K erzielen. Im Folgenden wird der ungünstigste Fall mit dem niedrigsten Wert betrachtet. Des Weiteren wird angenommen, dass auf der Innenseite die Temperatur konstant gehalten wird. Zunächst wird ein Wert von $T_1 = 50°C$ angenommen.

Für die Berechnung der Temperaturdifferenz wird zunächst der Wärmestrom berechnet. Gemäß Gleichung gilt für diesen Wärmestrom

$$\dot{q}(r_1)=\left(\frac{r_1\cdot\ln(r_2/r_1)}{\lambda}+\frac{r_2}{r_1}\cdot\frac{1}{\alpha}\right)^{-1}\cdot(T_1-T_U) \tag{3.6}$$

Gemäß dieser Gleichung ergibt sich durch Auflösen nach der Temperaturdifferenz

$$(T_1-T_2)=\dot{q}(r_1)\cdot r_1\cdot\ln\left(\frac{r_2}{r_1}\right) \tag{3.7}$$

Durch die Variation der Wandstärke bzw. ergeben sich die Temperaturdifferenzen, die in Abbildung 3.3 grafisch dargestellt sind. Die sich für diese Auswertung ergebenden Heizleistungen an der Innenseite sind mit Werten für die Stromdichte von bis etwa 17,5 kW/m² (Stahl) bzw. 47,2 kW/m²(Aluminium) deutlich höher als bei freier Konvektion, aber immer noch mit den am Markt verfügbaren Heizpatronen darstellbar.

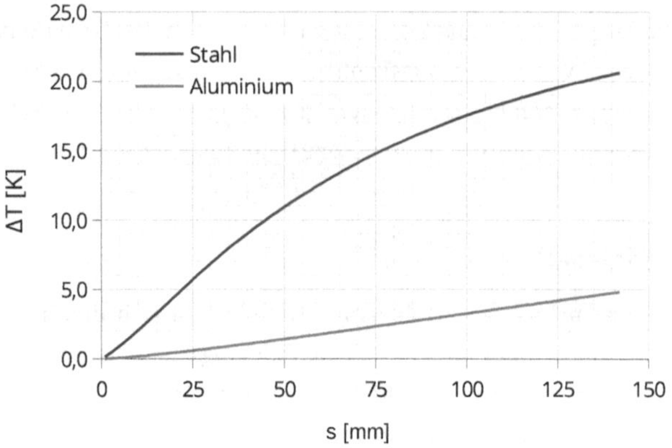

Abbildung 3.4: Wandtemperaturdifferenz bei erzwungener Konvektion

Auch hier kann beobachtet werden, dass die Temperaturdifferenzen in einem Aluminium-Körper deutlich geringer ausfallen. Bei Stahl sind sie so groß, dass auch in einem Versuchsobjekt mit moderaten Abmessungen hinreichend große Temperaturdifferenzen erzielt werden können. Das bedeutet, das Konzept I mit Stahl als Werkstoff umgesetzt werden kann.

Auslegung des Versuchsobjektes

Nachdem die grundsätzliche Entscheidung für ein Konzept gefällt worden ist, sind die Abmessungen des Versuchsobjektes festzulegen, sowie die die Heizung und die Kühlung auszulegen.

Festlegung Außendurchmessers

Ausgehende von den Berechnungsergebnissen, die in Abbildung 3.4 dargestellt sind, würde sich eine Temperaturdifferenz von 20°C über die Wand bei einem Wanddicke von 132 mm bzw. einem Gesamtradius von 140 mm ergeben.

Praktisch sollten allerdings größere Wärmeübergangskoeffizienten an der Außenseite erzielt werden können, als der Minimalwert, der bei der Konzeptauswahl verwendet wurde. Ein höherer Wärmeübergangskoeffizient führt zur einer höheren Temperaturdifferenz und damit zu einem kompakteren Versuchsobjekt für den gewünschten Temperaturunterschied in der Wand. Daher wird die Analyse für verschiedene höhere Wärmeaustauschkoeffizienten wiederholt. Die Ergebnisse dieser Berechnung sind in Abbildung 3.5 dargestellt.

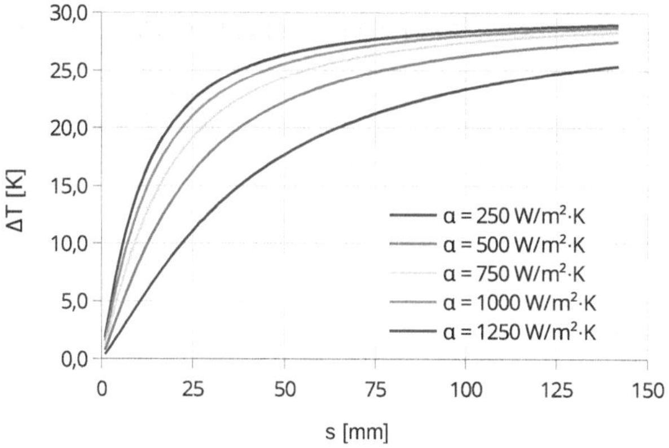

Abbildung 3.5: Wandtemperaturdifferenz für verschiedene äußere Wärmeübergangskoeffizienten (Stahl, T_1=50°C)

Die Ergebnisse zeigen, dass bei einem Wärmeübergangskoeffizienten von 500 W/m²K ein Großteil des Gesamttemperaturabfalls in der Rohrwand bereits bei Wanddicken von 25 mm auftritt. Eine weitere Möglichkeit die Temperaturdifferenz in der Wand zu steigern ist eine Erhöhung der Innenwandtemperatur T_1 (siehe Abbildung 3.6).

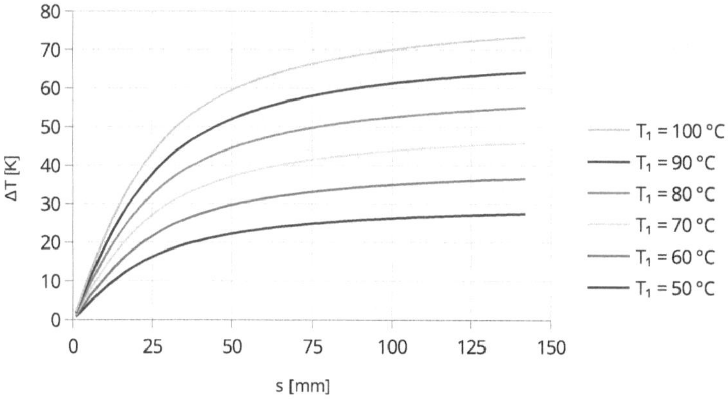

Abbildung 3.6: Wandtemperaturdifferenz für verschiedene Innenwandtemperaturen (Stahl, α = 500 W/m²K)

Die Erhöhung der Innenwandtemperatur führt, voraus gesetzt, dass die Wanddicke ausreichend hoch zu ist, eine fast ebenso großen Veränderung der Temperaturdifferenz in der Wand. Für das gezeigten Beispiel werden an der Innenseite Wärmestromdichten von maximal etwa 11 W/cm^2 erreicht, die ohne Probelme durch Heizpatronen erreicht werden können..

Prinzipiell ist die Wanddicke in bestimmten Wertebereichen frei wählbar. Sinnvoll erscheint eine Wanddicke von etwa 50 mm. Bereits bei einer Innenwandtemperatur von 50°C aus, um eine Temperaturdifferenz von mehr als 20°C in der Wand zu erreichen. Außerdem würde eine Erhöhung der Innenwandtemperatur um einen bestimmten Betrag zu einer fast ebenso hohen Erhöhung der Temperaturdifferenz in der Wand führen. Somit lässt sich bei dieser Wanddicke durch die eine Variation der zugeführten Heizleistung und der damit verbunden die Innenwandtemperatur das Temperaturprofil sehr gut anpassen.

Ausgehend von einem Heizpatronendurchmesser von 16 mm wird daher eine Wanddicke von 52 mm und somit ein Außendurchmesser von 120 mm für das Prüfobjekt festgelegt.

Festlegung der Höhe des Prüfobjekts

Um einen möglichst kompakten Versuchsstand zu erhalten, ist eine möglichst geringe Länge des zylindrische Versuchsobjektes anzustreben. Dem gegenüber steht der Effekt, dass bei zu geringer Länge ein erheblicher Teil der Wärme in axialer Richtung abfließt und so das radialer Temperaturfeld verzerrt wird.

Um das axiale Temperaturprofil und den damit verbunden Wärmestrom abzuschätzen, wird folgendes Modell verwendet: Der Zylinder hat auf einer Ebene in halber Höhe über den Ganzen Querschnitt die Innenwandtemperatur T_1. Die Wärme fließt von dieser Ebene zu beiden Enden wie durch eine ebene Wand. Die zu diesem Problem gehörige, allgemeine Lösung der Wärmeleitungsgleichung lautet

$$T(z)=C_1+C_2\cdot z \quad . \tag{3.8}$$

Mit den Randbedingungen

$$\begin{aligned} T(z=0)&=T_1 \\ T(z=H/2)&=T_S \end{aligned} \tag{3.9}$$

folgt die Lösung

$$T(z)=T_1-\frac{2(T_1-T_S)}{H}\cdot z \quad . \tag{3.10}$$

Unter Berücksichtigung des Wärmeübergangskoeffizienten durch freie Konvektion an der Stirnseite des zylindrischen Objektes, der nach Anhang A abgeschätzt werden und eine eventuell aufgebrachte Dämmschicht mit der Wärmeleitfähigkeit λ_I und der Dicke h_I kann ein Wärmedurchgangskoeffizient berechnet werden:

$$k=\left(\frac{H/2}{\lambda_S}+\frac{h_I}{\lambda_I}+\frac{1}{\alpha_O}\right)^{-1} \tag{3.11}$$

Die Temperaturdifferenz bis zur Oberkante des metallischen Objektes beträgt dann:

$$T_1-T_O=\frac{2\,\lambda_S}{H\cdot k}(T_1-T_u) \tag{3.12}$$

Das Verhältnis der Wärmeströme ergibt sich gemäß:

$$\frac{Q_{ax}}{Q_{rad}}=\frac{q_{ax}\cdot A_{ax}}{q_{rad}\cdot A_{rad}}=\frac{k_{rad}\cdot(T_1-T_U)\cdot\pi\cdot r_2^2}{k_{rad}\cdot(T_1-T_U)\cdot 2\,\pi\cdot r_2\cdot H}=\frac{k_{ax}\cdot r_2}{k_{rad}\cdot 2\,H} \tag{3.13}$$

Die Auswertung für verschieden Objekthöhen bei $T_1 = 70°C$ und sind mit einmal ohne Dämmung und einmal mit einer Dämmung ($h_I = 10$ mm und $\lambda_I = 0{,}4$ W/m²K). Dargestellt.

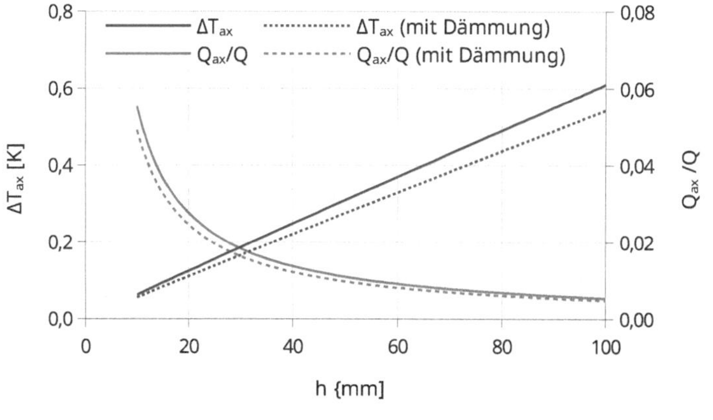

Abbildung 3.7: Axiale Temperaturdifferenz und Wärmeverluste

Die Ergebnisse zeigen, dass mit zunehmender Höhe des Objektes die axiale Temperaturdifferenz zunimmt, während die axialen Wärmeverluste sinken. Insgesamt sind beide Werte über den betrachteten Bereich gering. Ein Dämmschicht auf dem Zylinder bewirkt nur eine relative geringe Verbesserung. Ein vernünftiger Kompromiss zwischen niedrigen Wärmeverlusten und geringen Temperaturdifferenzen, wird bei etwa 50 mm Höhe erreicht: Der axiale Wärmestrom beträgt nur 1/100 des radialen Wärmestroms während der Temperaturdifferenz mit 0,3 K noch moderat ist.

Auslegung des Kühlmantels

Die Kühlung des Versuchsobjektes an der Außenseite soll durch erzwungene Konvektion mit eine Kühlflüssigkeit erfolgen. Es existieren mehre konstruktive Möglichkeiten, die Kühlflüssigkeit an der Oberfläche entlang zu führen (siehe Abbildung 3.8).

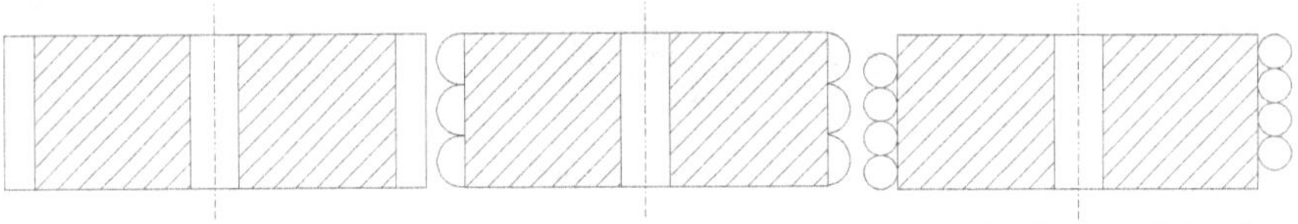

a) Doppelmantel *b) aufgeschweißte Halbrohre* *a) umlaufender Schlauch*

Abbildung 3.8: Varianten zur Kühlung durch erzwungen Konvektion auf der Außenseite

Die einfachste Lösung hierzu ist ein Doppelmantel. Der Grund dafür ist, dass wegen der begrenzten Höhe von 50 mm nur eine geringe Anzahl an Halbrohren bzw. Schlauchwicklungen angebracht werden können, was möglicherweise zu einer ungleichmäßigen Wärmeabfuhr führt. Ein Doppelmantel ist außerdem einfach zu realisieren.

Als wesentlicher Parameter ist der Außenradius r_M bzw. die Breite des Spalts δ, durch den die Kühlflüssigkeit geführt festzulegen. Um ein möglichst kompakten Aufbau beizubehalten und gleichzeitig hohe Strömungsgeschwindigkeiten im Spalt zu erhalten, ist ein schmaler Spalt von Vorteil. Hierfür wird zunächst eine Spaltweite von $\delta = 10$ mm festgelegt. Hinsichtlich der Kühlflüssigkeit und deren Bereitstellung sind mehrere Varianten denkbar. Ein sehr einfache Lösung ist es, den Doppelmantel über einen Schlauch an einen Wasserhahn anzuschließen. Das aus dem Doppelmantel austretende Kühlwasser kann dann ebenfalls über ein Schlauch an die Entnahmestelle zurückgeführt werden. Diese Lösung hätte den Vorteil das der Durchfluss über die Absperreinrichtung an der Entnahmestelle reguliert werden kann. Als Armatur würde nur ein Durchflussmesser benötigt, der in die Schlauchleitung eingebaut wird. Nachteilig ist der Wasserverbrauch für die Versuchsdurchführung. Typischer weise sind die Entnahmestellen auf einen Durchfluss von $\dot{V} = 0{,}15$ l/s bis $\dot{V} = 0{,}3$ l/s ausgelegt, besonders leistungsfähige Anschlüsse reichen bis $\dot{V} = 1{,}0$ l/s.[10]

Für die Auslegung werden empirische Beziehungen verwendet, welche für den Doppelmantel von Rührkesseln und ähnlichen Behältern abgeleitet wurden. Die Details der Berechnung können Anhang Bentnommen werden. Dabei ist anzumerken, das in diesem Fall ausschließlich das Berechnungsmodell von Stein und Schmidt [11] verwendet wurde, weil die andere Berechnungsmethode unrealistisch hohe Resultate ergibt. Für die Berechnung wurde für die Zulauföffnung ein Durchmesser von d_0 = 5 mm angenommen. Da die Ergebnisse nur gering von dieser Wert abhängen, ist eine spätere Anpassung des Wertes für die Auswertung unproblematisch.

Durch das Berechnungsmodell können die Wärmeübergangskoeffizienten an der Außenseite des Versuchsobjektes in Abhängigkeit vom Volumenstrom mithilfe von Gebrauchsformeln berechnet werden. Anhand dieser Berechnung wurde für den oben genannten Volumenströme und die gewählten Abmessungen die Wärmeübergangskoeffizienten ermittelt (siehe Abbildung 3.9). Anhand der berechneten Werte für α kann der der auf die Innenseite des Versuchsobjektes bezogene Wärmedurchgangskoeffizient

$$k_1 = \left(\frac{r_1 \cdot \ln(r_2/r_1)}{\lambda} + \frac{r_1}{r_2 \cdot \alpha} \right)^{-1} \tag{3.14}$$

berechnet werden. Dieser ist ebenfalls in Abbildung 3.9 dargestellt. Außerdem ist das Verhältnis der Wandtemperaturdifferenz zur Gesamttemperaturdifferenz,

$$\frac{T_1 - T_2}{T_1 - T_K} = \frac{k_1 \cdot r_1 \cdot \ln(r_2/r_1)}{\lambda} \tag{3.15}$$

aufgetragen.

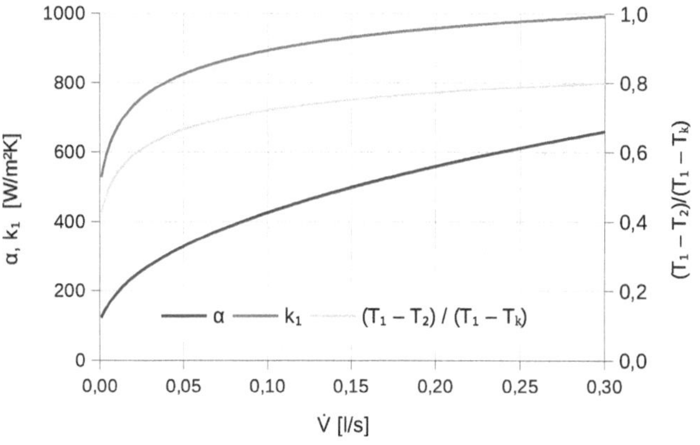

Abbildung 3.9: Wärmeübergangskoeffizient im Doppelmantel

Die Abbildung zeigt, dass sich durch eine Anpassung des Volumenstroms, der Wärmeübergangskoeffizient zwischen α = 120 W/m²K und α = 660 W/m²K variieren lässt. Bezogen auf die Innenseite führt das zu Durchgangskoeffizienten von rund 500 bis 1000 W/m²K. Somit würde eine Temperaturdifferenz 100 K – unter der Annahme einer Kühlwassertemperatur von $T_K = 20°C$ entspricht das einer Innentemperatur von T_1=120°C – Heizleistungen von 5 bis 10 W/cm² an der Innenseite erfordern. Des Weiteren ist aus der Abbildung zu erkennen, das mit steigenden Volumenstrom der Anteil des Temperaturabfalls über die Rohrwand an der Gesamttemperaturdifferenz von 40 % auf 80% steigt. Somit ist es vorzunehmen eine wirksame Beeinflussung des zu untersuchenden Temperaturprofils. In Verbindung mit einer konstanten Temperatur, welche die Heizpatrone an der Innenwand erzeugt, kann so das Temperaturprofil in der Wand über eine weiten Bereich angepasst werden.

Die Berechnungen stützen sich auf die Annahme einer konstanten Kühlwassertemperatur. Tatsächlich kommt es zu einer gewissen Erwärmung . Diese ergibt sich aus eine Energiebilanz. Unter Vernachlässigung der Wärmeverluste in axialer Richtung und über den äußeren Mantel sowie der Annahme konstanter Stoffwerte gilt:

$$\rho \cdot C_p \cdot \dot{V} \cdot \Delta T = \dot{q}_H \cdot \pi \cdot r_1 \cdot h \quad \Leftrightarrow \quad \Delta T = \frac{\dot{q}_H \cdot \pi \cdot r_1 \cdot h}{\rho \cdot C_p \cdot \dot{V}} \tag{3.16}$$

Mit der Dichte und der Wärmkapazität des Kühlmediums bei 20°C kann so die Temperaturerhöhung des Kühlwasser berechnet werden (siehe Abbildung 3.10).

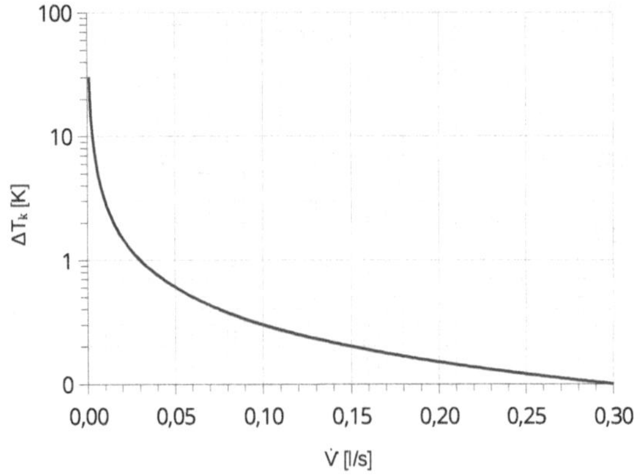

Abbildung 3.10: Kühlwassererwärmung bei maximaler Heizleistung

Sofern ein ausreichend hoher Kühlwasservolumenstrom gewählt wird, ist die die Temperaturerhöhung des Kühlwassers gering. Beispielsweise beläuft sich bei einem Volumenstrom von $\dot{V}$ = 0,03 l/s und maximaler Heizstromdichte diese Temperaturerhöhung auf :

$$\Delta T = \frac{\dot{q}_{max}}{\rho\, C_p \cdot \dot{V}} = \frac{11 \cdot 10^4\ \mathrm{W/m^2}}{998{,}1\ \mathrm{kg/m^3} \cdot 4185\ \mathrm{J/kg\,K} \cdot 3 \cdot 10^{-5}\ \mathrm{m^3/s}} = 1{,}0\ \mathrm{K}\ . \qquad (3.17)$$

Diese Berechnungen basieren auf einer vereinfachten Beschreibung des Doppelmantels als Ringspalt, de, über den ganzen Querschnitt gleichmäßig Fluid zugeführt wird. Aufgrund der punktuellen Anschlussstellen sind die Strömungsverhältnissen und davon ausgehend die Wärmeübergangskoeffizienten komplexer. Somit ist das Kühlkonzept im Zuge der Inbetriebnahme des Versuchsstandes zu überprüfen und ggf. anzupassen.

Auswahl des Heizelements

Da die Geometrie des Versuchsstandes bereits festgelegt wurde, bestimmt die Heizleistung der Patrone die Temperaturdifferenz in der Wand. Unter der Annahme das der Kontaktwiderstand zwischen Heizpatrone und Wand vernachlässigbar ist gilt:

$$q_H = q(r_1) = -\lambda \left.\frac{dT}{dr}\right|_{r=r_1} = \frac{\lambda (T_1 - T_2)}{r_1 \cdot \ln(r_2/r_1)} \qquad (3.18)$$

Und somit für die Temperaturdifferenz bei eine bestimmten Heizleistung

$$(T_1 - T_2) = \frac{q_H \cdot r_1 \cdot \ln(r_2/r_1)}{\lambda} \qquad (3.19)$$

Wie Abbildung 3.9 zeigt bereits eine Heizstromdichte von 5 W/cm² für die Erzeugung einer Temperaturdifferenz in der Rohrwand von 40,3 K aus. Um gegebenenfalls auf abweichende Versuchsbedingungen reagieren zu können oder höhere Temperaturdifferenzen zu erreichen sollte ein höherer Leistungswert verwendet werden. Dieses hätte außerdem den Vorteil, dass das Heizelement nicht an seiner Lastgrenze arbeiten muss. Daher wird eine Heizpatrone mit einer Heizstromdichte etwa 10 W/cm² gesucht. Theoretisch könnte diese eine Temperaturdifferenz von 80,6 K unterhalten.

Weitere Restriktionen ergeben sich daraus, dass die Patrone eine integrierten Sensor für die Messung die Temperatur des Heizelements enthalten soll. Diese ist erst bei Elementen mit einem größeren Durchmessern ab 16 mm möglich. Zwar werden auch die schmalere Heizelemente mit Temperatursensoren angeboten, jedoch befindet sich bei diesen der Sensor am Ende des Heizelements. Aufgrund der Versuchsanordnung ist mit einem Abfall der Temperatur an diesem Ende zu rechnen, weil sich dieses am Ende der Prüfobjektes befindet und somit plan zu dessen Stirnfläche ist.

Für den Versuchsstand wird vorgeschlagen eine Heizpatrone der Firma Accim Joacuin mit dem Durchmesser 16 mm und der Länge 50 mm zu verwenden. In der Bauform TCl4 enthält die Heizpatrone ein Thermoelement, welches dessen Außentemperatur auf halbe Länge erfasst. Dieses Heizelement wird mit verschiedenen Leistungen angeboten. Sinnvoll ist hier die Verwendung des Typs H16X50X200 mit einer Nennleistung von 200 W. Dieses erreicht eine Heizstromdichte von 11 W/cm².

Die maximale Temperaturdifferenz, die mit diesem Heizelement erreicht werden kann beläuft sich auf:

$$(T_1 - T_2)_{max} = \frac{11 \cdot 10^4\,\mathrm{W/m^2} \cdot 8 \cdot 10^{-3}\,\mathrm{mm} \cdot \ln(7{,}5)}{20\,\mathrm{W/m\,K}} \approx 88{,}6\,\mathrm{K} \quad . \tag{3.20}$$

Das bedeutet, dass die Wandtemperaturen stark variiert werden können. Für das tatsächlich umgesetzte Temperaturprofil ist zu beachten, dass bei zu hohen Temperaturen an der Außenwand, das Kühlwasser anfängt zu verdampfen. Dies kann vermieden werden, indem die Innenwandtemperatur kleiner als die Normalsiedetemperatur gewählt wird,

Ein weitere Fragestellung, die zu überprüfen ist, ob die Heizleistung ausreichend ist um das Prüfobjekt zeitgerecht auf „Versuchstemperatur" zu bringen. Da geplant ist das Heizelement zu regeln, so dass die Innenwandtemperatur konstant bleibt. Dies führt dazu, dass das Element und somit auch das Versuchsobjekt mit erhöhter Leistung aufgeheizt wird. Um die Aufheizzeit abzuschätzen wird angenommen, dass das Versuchsobjekt mit maximaler Leistung, d. h. einer Wärmestromdichte von von 11 W/cm² aufgeheizt wird. Ausgangspunkt für die Berechnung des stationären Zustandes ist die Vorgabe des Wärmeübergangskoeffizienten und die Festlegung einer gewünschten Innenwandtemperatur.

Die mittlere Temperatur der Rohrwand ergibt sich aus dem integralen Mittelwert:

$$\bar{T} = \frac{1}{A} \int T(r)\, dA = \frac{1}{\pi \left(r_2^2 - r_1^2\right)} \cdot \int_{r_1}^{r_2} \left(T_1 - \frac{(T_1 - T_2) \cdot \ln(r/r_1)}{\ln(r_2/r_1)} \right) 2\pi r dr \quad . \tag{3.21}$$

Mit der Substitution $x = r/r_1$ sowie dem Krümmungsfaktor $\kappa = r_2/r_1$ folgt:

$$\bar{T} = \frac{1}{{}^{2}-1} \int_{1} \left(T_1 - \frac{T_1 - T_2}{\ln(\ )} \ln(x) \right) 2\,x\,dx$$
$$= T_1 - (T_1 - T_2) \frac{{}^{2}\left(\ln(\ ) - 1/2\right) + 1/2}{\ln(\ ) \cdot \left({}^{2} - 1 \right)} \qquad (3.22)$$

Der Energiebedarf für das Aufheizen kann abgeschätzt mit der Energiemenge für die Erwärmung der Versuchsobjektes von der Umgebungstemperatur auf diese Mitteltemperatur plus den Wärmeverlusten über den Doppelmantel:

$$Q_A = V_{Objekt} \cdot \rho \cdot c_P \cdot \left(\bar{T} - T_U \right) + A_{Rohr\,2} \cdot \alpha \cdot \left(T_2 - T_U \right)$$
$$= \pi \left(r_2^2 - r_1^2 \right) \cdot H \cdot \rho \cdot c_P \cdot \left(\bar{T} - T_U \right) + 2\,\pi \cdot r_2 \cdot H \cdot \alpha \left(T_2 - T_U \right) \qquad (3.23)$$

Der Aufheizdauer ergibt sich, indem die dieser Wärmebedarf durch die maximale Leistung der Heizung an der Innenseite dividiert wird:

$$t_A = \frac{Q_B}{q_{h,max} \cdot 2\,\pi \cdot r_1 \cdot h} \qquad (3.24)$$

Die so berechneten Aufheizzeiten für verschiedene Werte von T_1 bei einem äußeren Wärmeübergangskoeffizienten von $\alpha = 250\ W/m^2K$ sind in Tabelle 3.1 zusammengestellt.

Tabelle 3.1: Abschätzung der Aufheizzeit bei $\alpha = 250\ W/m^2K$

T_1 [°C]	50	60	70	80	90	100
T_2 [°C]	31,95	35,93	39,91	43,89	47,88	51,86
$\bar{T}$ [°C]	18,05	24,07	30,09	36,11	42,12	48,14
t_A [min]	2,11	2,81	3,51	4,21	4,91	5,62

Die bestimmten Zeiten liegen in einem akzeptablen Bereich für eine zeitgerechte Versuchsdurchführung. Es ist allerdings anzumerken, dass das bei einer Regelung der Innenwandtemperatur die Heizleistung nicht während der gesamten Aufheizphase ihren Maximalwert annimmt. Infolgedessen liegen die tatsächlichen Zeiten höher. Genauere Angaben und eine Festlegung der in praktikabler Zeit erreichbare Temperaturen können erst bei der Inbetriebnahme des Versuchsstandes mit der Einstellung des Reglers gemacht werden.

3.3 Konzept und Auslegung der Temperaturmessung

Hinsichtlich der Temperaturmessung ist zunächst geeignete Thermometer auszuwählen und deren Anordnung am Messobjekt zu festzulegen anhand der

3.3.1 Auswahl der Thermometer

Für die Bestimmung des radialen Temperaturprofils ist die Temperatur im Inneren des Versuchsobjektes zu messen. Somit scheiden berührungslose Messverfahren, welche nur die Oberflächentemperatur erfassen können. Daher ist ein Berührungsthermometer mit einer elektrischen Messwerterfassung einzusetzen. Infrage kommen somit folgende Standardthermometer:

- Widerstandsthermometer, welche Temperaturabhängigkeit des elektrischen Widerstands eines metallischen Leiters oder eines Halbleiters ausnutzen,
- Thermoelement, die den thermoelektrischen Effekt ausnutzen.

Daneben existieren weitere spezielle Bauformen, wie Quarzthermometer (Temperaturabhängigkeit des Schwingfrequenz) oder Halbleiterthermometer (Temperaturabhängigkeit des pn-Übergangs in Halbleiterbauelementen wie Dioden). Dies kommen aber aufgrund ihrer Abmessungen nicht infrage. In Bezug auf die Temperaturmessung im Inneren des Feststoffes sollten die Thermometer möglichst kompakt sein, damit das zu Temperaturfeld möglichst wenig beeinflusst wird. [12]

Zum Teil sind Thermoelemente genormt Die folgende Tabelle 3.2 zeigt beispielhaft die Genauigkeit, die für genormte Thermometer garantiert wird, Außerdem werden die kleinsten Abmessungen der am Markt verfügbaren Messgeräte angeben.

Tabelle 3.2: Typische Eigenschaften von elektrischen Berührungsthermometern.

Temperatursensor	Klasse	Genauigkeit	Messbereich	Norm	Durchmesser
Pt100	AA	± 0,1°C	-50 bis 125°C	EN60751	ab 2 mm
Thermoelemente Typ-T	1	± 0,5°C	- 40 bis 125°C	EN60584-2	ab 0.8 mm

Wie die Tabelle zeigt bieten Widerstandsthermometer eine höhere Genauigkeit des Messprinzips, erfordern aber auch einen stärkeren Eingriff in das Messobjekt. Durch eine mantellose Bauform die im Wesentlichen aus zwei isolierten Drähten, deren Enden an der Messstelle verbunden sind. Diese Bauform ist nicht nur kompakter als bei einem Widerstandsthermometer, es besteht auch der Vorteil einer nahezu punktförmigen Messung. Daher sind sie präziser und einfacher zu positionieren.

Aufgrund der höchsten garantierten Genauigkeit empfiehlt es sich, Thermoelemente des Typs T (Kupfer-Konstantan) in der Klasse 1 nach DIN EN 60584-2 zu wählen. Gewählt wird der geringste Durchmesser, d. h. 0,8 mm diese werden nach den Empfehlungen des Herstellers in eine 1 mm Bohrung platziert, wobei der Zwischenraum mit Wärmeleitpaste ausgefüllt wird.

3.3.2 Anordnung der Thermometer

Prinzipbedingt können zwei Anordnungen gewählt: die radiale Anbringung, d. h. senkrecht zur Mantelfläche des Prüfobjektes, und die axiale Anbringung , d. h. durch die Stirnfläche der Thermometer (siehe Abbildung 3.6).

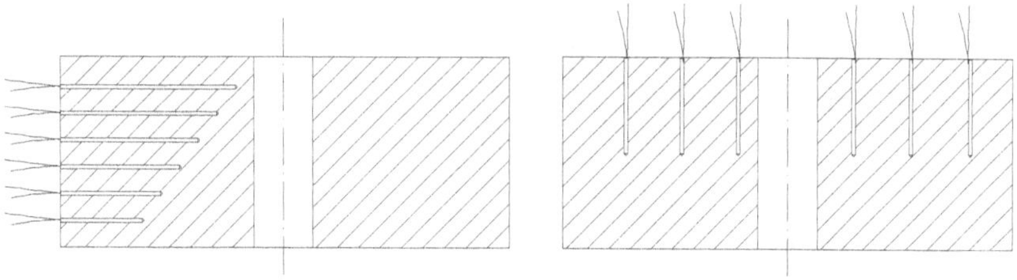

Radiale Anordnung Axiale Anordnung

Abbildung 3.11: Mögliche Anordnungen der Thermoelemente

Gegen eine radiale Anordnung spricht der höhere konstruktive Aufwand wegen des vorgesehenen Doppelmantels. Eine weiterer Nachteil ist,dass bei einer radialen Bohrung die Tiefe de Bohrung exakt dem definierten Radius entsprechen muss. Eventuell auftretende Ungenauigkeiten bei der Fertigung der Bohrung oder der Platzierung des Thermoelements würden direkt in einem Messfehler resultieren. Außerdem sind nach einschlägigen Empfehlungen in der Literatur die Thermoelemente so auszurichten, dass die Richtung der Drähte im Bereich der Messstelle entlang der Isothermen, d. h. in diesem Falle in axialer Richtung, um die Beeinflussung des Temperaturfeldes möglichst gering zu halten.[9], [13], [14]

Darüberhinaus ist günstiger die Thermoelement möglichst weit in der Körper einzuführen mindestens aber das Fünffache des Bohrungsdurchmessers. Bei einer axialen Anordnung können alle Elemente auf der gleichen Höhe in der Mitte des Objektes, d. h. im Abstand 25 mm messen. Diese Anordnung auf gleicher Höhe ist außerdem sinnvoll, da infolge des axialen Wärmeflusses eine leichte Änderung des radialen Temperaturprofils in axialer Richtung auftritt. Somit kann durch die Anordnung ein Einfluss dieser Temperaturvariation auf die Messergebnisse unterbunden werden. Um die Anzahl der Thermoelemente festzulegen, ist vorher deren Geanauigkeit zu beurteilen.

3.3.3 Abschätzung des maximalen Messfehlers

Durch die Anbringung ergibt sich eine Verzerrung des Temperaturfeldes, welches durch die unterschiedlichen Wärmeleitfähigkeit in der Bohrung des Thermoelements und dem umgebenden Objekt. Abbildung 3.12 zeigt die Verläufe unter der vereinfachenden Annahme, dass die Füllung der Bohrung eine einheitliche Wärmeleitfähigkeit hat, verursacht wird.

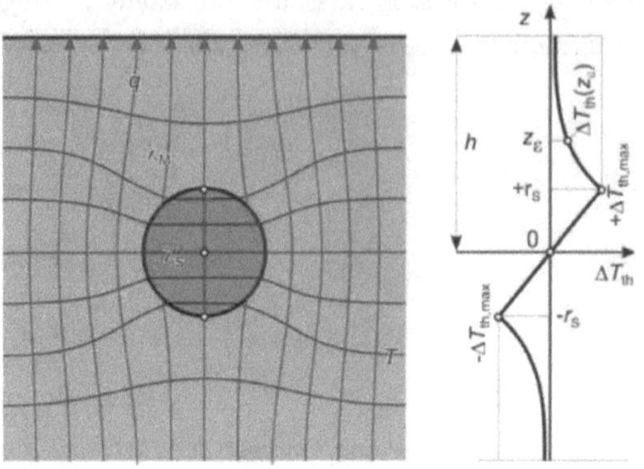

Abbildung 3.12: Verzerrung des Temperaturfeldes durch den Messfühler [13]

Wie die Abbildung zeigt, eine exakte Messung würde sich dann ergeben wenn das Thermometer exakt in der Mitte der Bohrung platziert wäre. Mit zunehmend exzentrischer Anbringung erhöht sich der Fehler der Temperaturmessung. Der Fehler der Temperaturmessung kann abgeschätzt werden nach der Beziehung. [13]

$$\Delta T_{max} = \frac{\lambda_M - \lambda_S}{\lambda_M - \lambda_S} \cdot \frac{dT_M}{dz} \cdot r_S \qquad (3.25)$$

Wobei sich der Index M auf das Messobjekt und der Index S auf die Bohrung für den Temperatursensor besteht. Unter der Annahme dass mindestens 2 mm zur Innenwand liegen, d. h. der radiale Abstand zur Mitte des Messobjektes r_{min} = 10 mm beträgt, sowie dass die Messung maximale bei einem Temperaturunterschied von 70 K über die Wand durchgeführt wird, ergibt sich für den maximalen Temperaturgradienten:

$$\frac{dT_M}{dz} = \frac{70\,\text{K}}{10\,\text{mm} \cdot \ln(7{,}5)} = 3{,}47\,\text{K} \cdot \text{mm}^{-1} \qquad (3.26)$$

Unter der Annahme das die Bohrung mit einer elektrisch nicht leitfähigen Wärmleitpaste mit λ_S = 11 W·m^{-1}·K^{-1} gefüllt ist, ergibt sich ein maximaler Messfehler von:

$$\Delta T_{max} = \frac{20 - 11}{20 + 11} \cdot 3{,}47\,\text{K} \cdot \text{mm}^{-1} \cdot 0{,}5\,\text{mm} = 0{,}504\,\text{K} \qquad (3.27)$$

In Verbindung mit der garantierten maximalen Ungenauigkeit von 0,5 K für die Thermoelemente ergibt sich summarische eine maximale Ungenauigkeit der Temperaturerfassung von etwa 1 K.

3.3.4 Anzahl und Position der Thermometer

Für die Entscheidung über die Anzahl der Messpunkte spielt der berechnete maximale Fehler eine wichtige Rolle. Vor dem Hintergrund , dass es sich um einen Versuchsstand für die Durchführung von Praktikumsversuchen handelt, sollten die Messtellen so weit auseinander liegen, dass die gemessenen Temperaturen auch tatsächlich dem erwarteten radialen Verlauf entsprechen, d. h. eine weiter außen liegende Messstelle sollte eine niedrigere Temperatur erfassen. Daher sollte die Temperaturdifferenz zwischen zwei Messstellen mindestens 2 K betragen, um nicht plausible Messergebnisse zu vermeiden. Werden mindestens rund 3 K angestrebt, könnten bei einer minimalen Wandtemperaturdifferenz 6 Thermoelemente platziert werden. Naheliegend wäre die Thermometer linear über den die Wand zu verteilen, d. h. mit einem radialen Abstand von

$$\Delta r = \frac{52\,\text{mm}}{7} = 7{,}43\,\text{mm} \tag{3.28}$$

zu platzieren. Dies führt allerdings infolge des logarithmischen Temperaturprofils zu relativ geringen Temperaturdifferenzen. Die Nachfolgende Tabelle 3.3 zeigt dies beispielhaft für eine Wandtemperaturdifferenz von 20 K.

Tabelle 3.3: Lineare Positionierung der Thermometer

Punkt	W_1	M_1	M_2	M_3	M_4	M_5	M_6	W_2
$r_{rechnerisch}$ [mm]	*0*	15,43	22,86	32,29	37,71	45,14	52,57	*60*
$r_{gerundet}$ [mm]		15	23	30	38	45	53	
T [°C]	*60*	53,8	49,5	46,9	44,5	42,9	41,2	*40*

Eine bessere Platzierung ergibt sich wenn die Thermometer so positioniert werden, dass die Temperaturdifferenzen etwa gleich sind. Aus dem Temperaturprofil in Gleichung (2.33) folgt für die Temperaturdifferenz zwischen zwei Messpunkten

$$\begin{aligned} \Delta T_M = T(r_k) - T(r_{k+1}) &= \left(T_1 - \frac{\Delta T_W}{\ln(r_2/r_1)} \ln\left(\frac{r_k}{r_1}\right)\right) - \left(T_1 - \frac{\Delta T_W}{\ln(r_2/r_1)} \ln\left(\frac{r_{k+1}}{r_1}\right)\right) \\ &= \frac{\Delta T_W}{\ln(r_2/r_1)} \ln\left(\frac{r_{k+1}}{r_k}\right) \end{aligned} \tag{3.29}$$

Somit gilt für die Radien von zwei aufeinanderfolgender Messstellen:

$$\ln\left(\frac{r_{k+1}}{r_k}\right)=\frac{\Delta T_M}{\Delta T_W}\cdot\ln\left(\frac{r_2}{r_1}\right) \quad \text{bzw.} \quad \left(\frac{r_{k+1}}{r_k}\right)=\left(\frac{r_2}{r_1}\right)^{\Delta T_M/\Delta T_W} \quad . \tag{3.30}$$

Das bedeutet, dass die Radien in einem konstanten Verhältnis zueinander stehen. Für n Messstellen ergibt sich

$$\frac{\Delta T_W}{\Delta T_M}=n+1 \tag{3.31}$$

und somit.

$$\left(\frac{r_{k+1}}{r_k}\right)=\left(\frac{r_2}{r_1}\right)^{\frac{1}{n+1}} \quad . \tag{3.32}$$

Für den vorliegenden Falle ergibt sich eine Radienverhältnis von

$$\left(\frac{r_{k+1}}{r_k}\right)=\left(\frac{60}{8}\right)^{\frac{1}{7}}=1{,}33355 \quad . \tag{3.33}$$

Damit ergeben sich die Messpositionen, die in Tabelle 3.4 zusammengestellt sind. Die angegebenen Temperaturen beziehen auf den bereits in Tabelle 3.3 herangezogenen Falle einer Wandtemperaturdifferenz von 20 K bei einer Innenwandtemperatur von 60 °C.

Tabelle 3.4: Logarithmische Positionierung der Thermometer

Punkt	W_1	M_1	M_2	M_3	M_4	M_5	M_6	W_2
$r_{rechnerisch}$ [mm]	*8*	10,67	14,23	18,97	25,3	33,74	44,,99	*60*
$r_{gerundet}$ [mm]		11	14	19	25	34	45	
T [°C]	*60*	56,8	54,4	51,4	48,,7	45,6	42,9	*40*

Durch die ungleichmäßigen, nach außen wachsenden Abstände zwischen den Messpunkten ergeben sich Temperaturdifferenzen zwischen 2,4 und 3,1 K. Für die Platzierung der Thermometer steht die gesamte Stirnfläche zu Verfügung. Um mögliches Beeinflussungen der Thermometer untereinander zu vermeiden bzw. zu begrenzen, sollte sie in möglichst großen Abstand positioniert werden. Dies kann erreicht werden wenn jeweils zwei Thermoelemente entlang einer Sehne durch den Mittelpunkt der kreisförmigen Stirnfläche angeordnet werden, wobei die drei Sehnen jewils eine Winkel von 60° zueinander haben. Aus dieser Überlegung ergibt sich die in Abbildung 3.13 dargestellte Anordnung der Messstellen. Wie bereits erwähnt haben die einzelnen Bohrungen (M_1 bis M_6) eine Durchmesser von 1,0 mm und eine Bohrlochtiefe von 25 mm

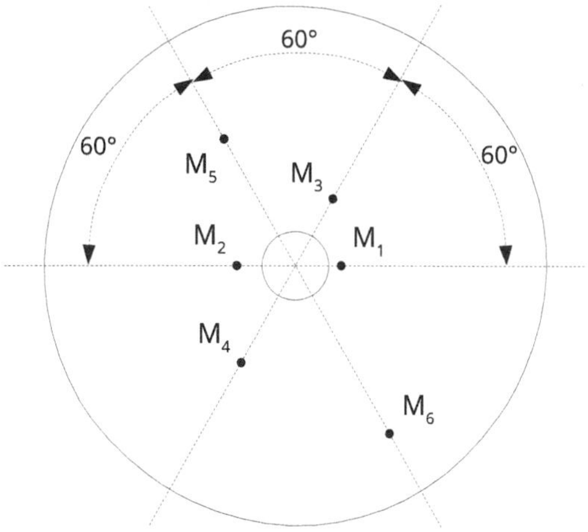

Abbildung 3.13: Anordnung der Messstellen für die Temperaturmessung

3.4 Gesamtentwurf

Der gesamte Versuchsaufbau mit seinen einzelnen Komponenten ist als Explosionszeichnung in Abbildung 3.14 dargestellt.

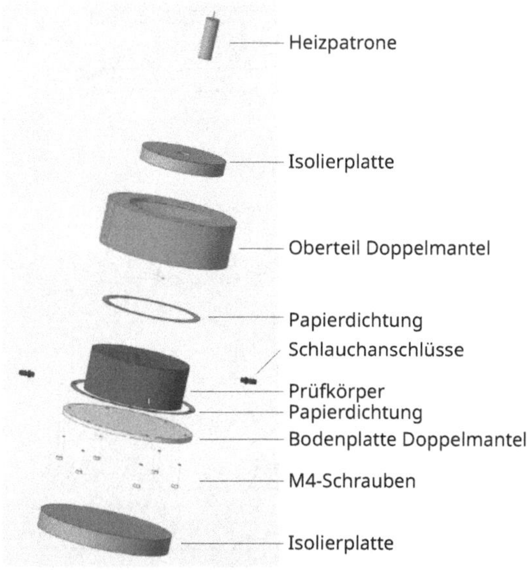

Abbildung 3.14: Einzelteile des Versuchsaufbaus

In Ergänzung zu den bisher angesprochenen Bauteilen werden zwei Isolierplatten eingefügt. Die Platte die von oben auf das Versuchsobjekt gelegt wird, dient primär dazu, die Oberflächentemperatur abzusenken, sodass ein Nutzer, der den Versuchsstand, welcher im Bereich der Heizpatrone Temperaturen deutlich über dem kritischen Wert von 51°C annehmen kann, von oben anfasst, keine Verbrennungen erleidet. Die Isolierplatte unter dem Prüfobjekt hat den Zweck, dass dieses auf einen Labortisch gesetzt werden kann ohne dass zu viel Wärme durch den Boden abfließt.

Der Doppelmantel wird zweiteilig ausgeführt, das Oberteil wird durch sechs M4-Schrauben mit der Bodenplatte verschraubt. Dadurch wird das eigentliche Versuchsobjekt zwischen den beiden Teilen des Mantels eingespannt. Ein jeweils eingelegter Dichtungsring aus Papier gewährleistet die Dichtigkeit der Konstruktion gegen Austreten von Kühlwasser. Weitere Details können den nachfolgenden technischen Zeichnungen entnommen werden.

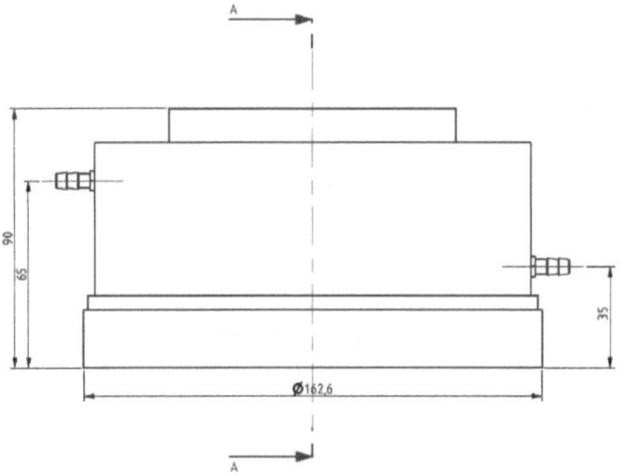

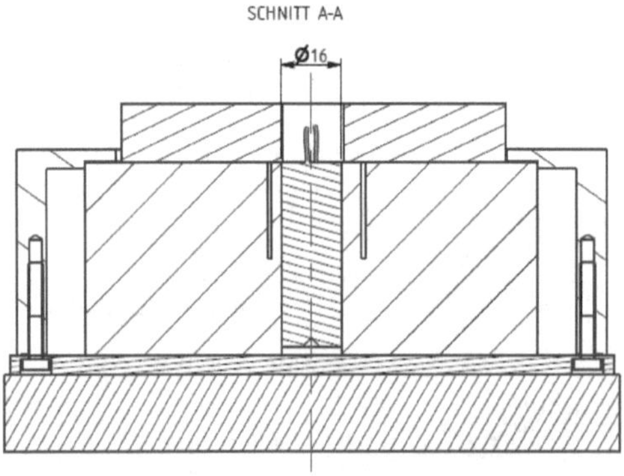

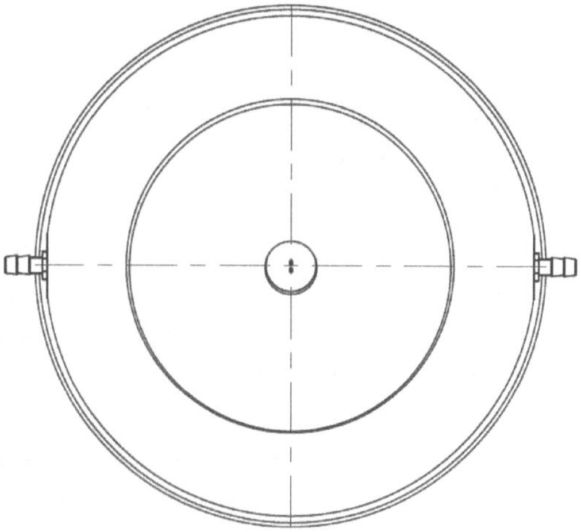

4 Zusammenfassung

Im Rahmen dieser Arbeit wurde eine Versuchsaufbau für die Durchführung von Temperaturmessungen zur Bestimmung einer radialen Temperaturprofils im Rhamen von Praktikumsversuchen konzipiert und ausgearbeitet.

In der Konzeption handelt es sich um einen dickwandigen Hohlzylinder, der über ein Heizelement an der Innenseite beheizt und eine Doppelmantel auf der Außenseite mit Wasser gekühlt wird. Als Material für das Versuchsobjekt wird rostfreier Edelstahl gewählt. Diese Material stellt einen Kompromiss zwischen den gegensätzlichen Anforderungen an das Objekt dar. Einerseits lässt starken Temperaturunterschied in der Wand bei kompakten Abmessungen eher mit einem Material geringer thermischer Leitfähigkeit erreichen. Anderseits sollte die Wärmeleitfähigkeit des Materials hoch sein, um die Beeinflussung des Temperaturfeldes durch die Messung gering zu halten.

Die Auslegung des Bauteils führt zu einem Objektdurchmesser von 120 mm und eine Höhe von 50 mm. Dadurch wird gewährleistet das einerseits ein hinreichend großer Temperaturunterschied in der Wand entsteht. Insgesamt werden sechs Temperaturmessstellen über den Umfang verteilt, sodass eine gegenseitige Beeinflussung soweit wie möglich vermieden wird. Um die Deformation des radialen Temperaturverlaufs weitgehend zu vermeiden, werden die Bohrung für die verwendeten Thermoelemente axial angebracht. Der Versuchsaufbau verfügt über zwei Regulierungsmöglichkeiten. Zum einen verfügt die die Heizpatrone über ein Thermoelement, das es ermöglicht, dass Heizelement mittels eines Reglers auf eine vorgegeben Temperatur zu bringen. Zum anderen kann der Kühlwasserstrom variiert und so der Wärmeübergangskoeffizient angepasst werde. Die verwendete Heizpatrone wurde so ausgewählt, dass sie bei mittlerer Betriebsleistung eine Temperaturunterschied von 40 K bis 60 K in der Wand erzeugt, maximal möglich wären 90 K.

Somit ermöglicht der Versuchsstand die Messung mehrerer Temperaturprofile während eines Versuches. Die Messung können ausgewertet werden, um neben der reinen Bestimmung des Temperaturprofils weitergehende Überlegungen anzustellen. In Verbindung mit einer weiteren Messung der elektrische Leistungsaufnahme un der Kühlwassertemperatur können wahlweise der Kontaktwiderstand an der Innenseite, die thermische Leitfähigkeit des Wandmaterials oder der Wärmeübergangskoeffizient an der Außenseite bestimmt werden.

Anhand der Konzeption kann der vorgeschlagenen Prüfstand realisiert werden. Allerdings sind die Annahmen der Auslegung bei der Inbetriebnahme. Insbesondere die Auslegung des Kühlmantels erscheint wegen der großen Differenzen zwischen den Auslegungsmodellen als zweifelhaft. Hier ist im Rahmen der Inbetriebnahme zu überprüfen bei welchen Wahl der Regulierungsparameter (Innenwandtemperatur, Kühlwasserdurchfluss) sich welches Temperaturprofil einstellt. Allerdings ist der Variationsbereich für beide Regelgrößen so groß, dass später Anpassungen im Vergleich zu den Modellrechnungen dieser Arbeit als unproblematisch erscheinen.

Literaturverzeichnis

[1] H. D. Baehr und K. Stephan, *Wärme- und Stoffübertragung*, 9., aktualisierte Auflage. Berlin Heidelberg: Springer Vieweg, 2016.

[2] G. P. Merker und C. Eiglmeier, *Fluid- und Wärmetransport Wärmeübertragung*. Wiesbaden: Vieweg+Teubner, 1999.

[3] P. Häupl und W. M. Willems, Hrsg., *Lehrbuch der Bauphysik: Schall - Wärme - Feuchte - Licht - Brand - Klima*, 7., vollst. überarb. und aktualisierte Aufl. Wiesbaden: Springer Vieweg, 2013.

[4] W. Polifke und J. Kopitz, *Wärmeübertragung: Grundlagen, analytische und numerische Methoden*. München: Pearson Studium, 2005.

[5] E. Specht, „Waerme und Stoffuebertragung", *Otto-von-Guericke-Universität Magdeburg*, 2008. [Online]. Verfügbar unter: http://www.uni-magdeburg.de/isut/TV/Download/Waerme-_und_Stoffuebertragung_Kapitel_1+2_WS0809.pdf. [Zugegriffen: 02-Jan-2019].

[6] N. Hannoschöck, *Wärmeleitung und -transport: Grundlagen der Wärme- und Stoffübertragung*, 1. Auflage 2018. Berlin: Springer Vieweg, 2018.

[7] R. B. Bird, W. E. Stewart, und E. N. Lightfoot, *Transport phenomena*, 2nd, Wiley international ed Aufl. New York: J. Wiley, 2002.

[8] K. Bux, D. Krastel, I. Lepenies, und H. Müller-Arnecke, „Heiße Medien/Oberflächen - Grenzwerte", *Bundesanstalt für Arbeitsschutz und Arbeitsmedizin*. [Online]. Verfügbar unter: https://www.baua.de/DE/Themen/Arbeitsgestaltung-im-Betrieb/Gefaehrdungsbeurteilung/Expertenwissen/Thermische-Gefaehrdungen/Heisse-Medien/Heisse-Medien_dossier.html?pos=2. [Zugegriffen: 02-Jan-2019].

[9] VDI, „Einbau von Thermometern", Verein Deutscher Ingenieure, Düsseldorf, 3511, Nov. 1994.

[10] T. Laasch und E. Laasch, *Haustechnik: Grundlagen - Planung - Ausführung*, 13., durchges. und aktualisierte Aufl. Wiesbaden: Springer Vieweg, 2013.

[11] W. A. Stein und W. Schmidt, „Wärmeübergang auf der Wärmeträgerseite eines Rührbehälters mit einem einfachen Mantel", *Forsch Ing-Wes*, Bd. 59, Nr. 5, S. 73–90, Mai 1993.

[12] L. Michalski, K. Eckersdorf, J. Kucharski, und J. McGhee, *Temperature measurement*, 2nd ed. Chichester ; New York: J. Wiley, 2001.

[13] E. Kaiser, „Temperaturmessung mit Berührungsthermometern an Festkörpern", in *Handbuch der Technischen Temperaturmessung*, F. Bernhard, Hrsg. Berlin, Heidelberg: Springer Berlin Heidelberg, 2014, S. 91–196.

[14] P. R. N. Childs, *Practical temperature measurement*. Oxford: Butterworth-Heinemann, 2001.

[15] H. Klan und A. Thess, „Wärmeübertragung durch freie Konvektion: Außenströmung“, in *VDI-Wärmeatlas:*, 11., bearb. und erw. Aufl., Verein Deutscher Ingenieure und Gesellschaft Verfahrenstechnik und Chemieingenieurwesen, Hrsg. Berlin: Springer Vieweg, 2013, S. 757–764.

[16] E. S. Gaddis, „N3 Wärmeübertragung und Leistungsaufnahme in Rührkesseln“, in *VDI-Wärmeatlas*, Berlin, Heidelberg: Springer, 2013, S. 1621–1654.

[17] I. H. Lehrer, „Jacket-Side Nusselt Number“, *Industrial & Engineering Chemistry Process Design and Development*, Bd. 9, Nr. 4, S. 553–558, Okt. 1970.

Abbildungsverzeichnis

Tabellenverzeichnis

Anhang

A Berechnung des Wärmeübergangskoeffizienten an der Rohraußenseite bei freier Konvektion

Die Berechnung orientiert sich an den Vorgaben des VDI-Wärmeatlas Abschnitt G3 [15].

Vorgeben werden die Oberflächentemperatur

$$T_2 = 50\ °\mathrm{C} = 323{,}15\ \mathrm{K} \tag{A.1}$$

und die Umgebungstemperatur:

$$T_U = 20\ °\mathrm{C} = 293{,}15\ \mathrm{K}\ . \tag{A.2}$$

Damit ergeben sich die Mitteltemperatur

$$T_m = \frac{T_2 + T_U}{2} = 308{,}15\ \mathrm{K} \tag{A.3}$$

und die charakteristische Temperaturdifferenz:

$$\Delta T = T_2 - T_U \tag{A.4}$$

Die Stoffwerte werden für die Mitteltemperatur berechnet. Die Dichte wird nach dem Idealen Gasgesetz berechnet:

$$p = \rho \cdot R_s \cdot T \tag{A.5}$$

Mit der spezifischen Gaskonstante für Luft:

$$R_S = 287{,}058\ \frac{\mathrm{J}}{\mathrm{kg} \cdot \mathrm{K}} \tag{A.6}$$

Für den Druck p wird der Standarddruck von 1 atm = 101325 Pa angenommen. Somit ergibt sich

$$\rho = \frac{p}{R_s \cdot T} = 1{,}4511\ \frac{\mathrm{kg}}{\mathrm{m}^3} \tag{A.7}$$

Der Wärmeausdehnungskoeffizient bestimmt sich ebenfalls nach dem Idealen Gasgesetz, und wird für die Umgebungstemperatur bestimmt.

$$\beta = \frac{1}{V} \cdot \left(\frac{\partial V}{\partial T} \right)_{p=const} = \frac{1}{T_U} = 3{,}411 \cdot 10^{-3}\,\mathrm{K}^{-1} \tag{A.8}$$

Für die dynamische Viskosität und Wärmeleitfähigkeit kann einer empirischen Beziehung in der Form

$$X(T) = A + B \cdot T + C \cdot T^2 + D \cdot T^3 + E \cdot T^4 \tag{A.9}$$

Die zugehörigen Koeffizienten können Tabelle A.1 entnommen werden. Damit ergibt sich

Tabelle A 1: Parameter für die Berechnung der Viskosität und Wärmeleitfähigkeit von Luft nach Gleichung (A.9)

Größe	Einheit	A	B	C	D	E
μ	$\mathrm{Pa \cdot s}$	$-1{,}702 \cdot 10^{-7}$	$7{,}9965 \cdot 10^{-8}$	$-7{,}2183 \cdot 10^{-11}$	$-4{,}96 \cdot 10^{-14}$	$1{,}388 \cdot 10^{-17}$
λ	$\mathrm{W \cdot m^{-1} \cdot K^{-1}}$	$-9{,}08 \cdot 10^{-4}$	$1{,}1161 \cdot 10^{-4}$	$-8{,}4133^{-8}$	$5{,}6946 \cdot 10^{-11}$	$1{,}5831 \cdot 10^{-14}$

Damit ergeben sich für die Mitteltemperatur T_m eine dynamische Viskosität von

$$\mu = 1{,}919 \cdot 10^{-5}\,\mathrm{Pa \cdot s} \tag{A.10}$$

und eine Wärmeleitfähigkeit von

$$\lambda = 2{,}71 \cdot 10^{-2}\,\mathrm{W \cdot m^{-1} \cdot K^{-1}} \quad . \tag{A.11}$$

Für die kinematische Viskosität folgt

$$\nu = \frac{\mu}{\rho} = 1{,}676 \cdot 10^{-6}\,\mathrm{m^2 \cdot s^{-1}} \quad . \tag{A.12}$$

Die Prandtl-Zahl schwankt kaum im betrachteten Bereich. Daher wird der arithmetische Mittelwert der Werte von 20°C und 50°C verwendet:

$$Pr = 0{,}706 \tag{A.13}$$

Als charakteristische Länge für dieses Problem mit einem liegenden Zylinder ist der halbe Umfang des Zylinders, also

$$L = \pi \cdot r_2 \tag{A.14}$$

Für einen gegebenen Außenradius kann die Grashof-Zahl

$$Gr = \frac{g \cdot \beta \cdot \Delta T \cdot L^3}{\nu^2} \tag{A.15}$$

und damit die Rayleigh-Zahl

$$Ra = Gr \cdot Pr \quad . \tag{A.16}$$

Werden bestimmt. Die Nusselt-Zahl ergibt sich aus der empirischen Beziehung:

$$Nu = \left(0{,}752 + 0{,}367 \cdot \left(Ra \cdot f_3(Pr)\right)^{\frac{1}{6}}\right)^2 \tag{A.17}$$

mit der Hilfsfunktion

$$f_3(Pr) = \left[1 + \left(\frac{0{,}559}{Pr}\right)^{\frac{9}{16}}\right]^{-\frac{16}{9}} \quad . \tag{A.18}$$

Aus der Definition der Nusselt-Zahl folgt schließlich der Wärmeübergangskoeffizient:

$$\alpha = \frac{Nu \cdot \lambda}{L} \quad . \tag{A.19}$$

B Berechnung des Wärmeübergangskoeffizienten im Doppelmantel

Es existieren verschiedene Berechnungsmodelle für die Berechnung des Wärmeübergangskoeffizienten im Doppelmantel eines Behälters. Diese führen zum Teil zu erheblichen Unterschieden in den Berechnungsergebnissen. Daher empfiehlt Gaddis [16] die Beziehungen von Lehrer [17] sowie jene von Stein und Schmidt [11] auszuwerten und den geringeren Wert für den Wärmeübergangskoeffizienten zu verwenden.

Die Berechnungsmodelle differenzieren nach der geometrischen Anordnung der Zuführung des Fluids zwischen radialem (Zulaufstutzen steht senkrecht auf dem Mantel) und tangentialem (Zulaufstutzen ist parallel zur Manteloberfläche ausgerichtet). Aufgrund der einfacheren Bauform wird radialer Zulauf verwendet. Deswegen beschränken sich die nachfolgenden Ausführungen auf diese Variante.

Berechnung nach Lehrer [17]

Die Nusselt-Zahl ist gegeben durch die Gebrauchsformel.

$$Nu = \left(\frac{0{,}03 \cdot Re^{0{,}75} \cdot Pr}{1 + 1{,}74 \cdot Re^{-0{,}125} \cdot (Pr - 1)} \right) \cdot \left(\frac{\mu}{\mu_W} \right)^{0{,}14} \quad . \tag{A.20}$$

Die charakteristische Länge für die Ermittlung der Kennzahlen berechnet sich aus der Breite δ des Doppelmantels gemäß:

$$d_g = \sqrt{\frac{8}{3}} \cdot \delta \tag{A.21}$$

Die mittlere Geschwindigkeit berechnet sich aus dem geometrischen Mittel der Geschwindigkeit im Einlaufstutzen und im Mantelbereich sowie einem Korrekturterm für freie Konvektion:

$$v = \sqrt{v_M \cdot v_S} + v_A \quad . \tag{A.22}$$

Bei einer radialen Zuführung ergibt sich primär eine axiale Strömung im Mantel mit der mittleren Geschwindigkeit:

$$v_M = \frac{4 \cdot \dot{V}}{\pi \cdot \left(d_M^2 - d_B^2 \right)} = \frac{4 \cdot \dot{V}}{\pi \cdot \left((d_B + 2\,\delta)^2 - d_B^2 \right)} \quad . \tag{A.23}$$

Dabei sind d_B der Außendurchmesser des Behälters und d_M der Innendurchmesser des Mantels. Für den Zulaufstutzen mit dem Innendurchmesser d_S gilt:

$$v_S = \frac{4 \cdot \dot{V}}{\pi \cdot d_S^2} \quad . \qquad \text{(A.24)}$$

Die „Auftriebsgeschwindigkeit" der freien Konvektion im Mantel berechnet sich nach:

$$v_A = \frac{1}{2} \cdot \sqrt{2 \cdot g \cdot h_M \cdot \beta \cdot \Delta T} \quad . \qquad \text{(A.25)}$$

Hierbei ist h_M die Höhe des Mantels, g die Erdbeschleunigung, und β der isobare Ausdehnungskoeffizient des Mediums im Mantel. Die treibende Temperaturdifferenz berechnet sich aus dem Temperaturunterschied zwischen Ein- und und Austritt zum Mantel.

Berechnung nach Stein und Schmidt [11]

Das Berechnungsmodell verwendet als charakteristische Länge den hydraulischen Durchmesser des Ringspalts:

$$d_h = 2 \cdot \delta \quad . \qquad \text{(A.26)}$$

Des Weiteren wie eine charakteristische Länge des Strömungspfades durch den Mantel verwendet, diese beläuft sich auf:

$$l = \sqrt{\left(\frac{\pi}{2} d_M\right)^2 + h^2} \quad . \qquad \text{(A.27)}$$

Für einen radialen Zulauf berechnet sich die Bezugsgeschwindigkeit gemäß:

$$v = v_{mit} \cdot \frac{\ln(b_{mit}/b_{ein})}{1-(b_{ein}/b_{mit})} \qquad \text{(A.28)}$$

mit den Kenngrößen

$$b_{ein} = \frac{\pi \cdot d_S^2}{8\,\delta} \quad , \qquad \text{(A.29)}$$

$$b_{mit} = \frac{\pi}{2} \cdot d_m \cdot \sqrt{1 + \left(\frac{\pi\, d_M}{2\,h}\right)^2} \qquad \text{(A.30)}$$

und

$$v_{mit} = \frac{V}{2\,\delta\, b_{mit}} \qquad \text{(A.31)}$$

FSC
www.fsc.org
MIX
Papier | Fördert
gute Waldnutzung
FSC® C083411

Kolibri 360 GmbH
Ferdinand-Jühlke-Straße 7
99095 Erfurt, Deutschland
produktsicherheit@kolibri360.de

Druck:
CPI Druckdienstleistungen GmbH
im Auftrag der
Kolibri 360 GmbH
Ferdinand-Jühlke-Str. 7
99095 Erfurt